蟾蜍圈养与利用技术

（第二版）

主　编　　陈宗刚　　张　文
副主编　　马永吉　　王美玲
编　委　　周广如　　杨淑荣　　李俊秀
　　　　　王凤芝　　贾秉坤　　张艳娟

科学技术文献出版社
SCIENTIFIC AND TECHNICAL DOCUMENTATION PRESS
·北京·

图书在版编目(CIP)数据

蟾蜍圈养与利用技术 / 陈宗刚, 张文主编. —2版. —北京:科学技术文献出版社, 2015.5

ISBN 978-7-5023-9600-8

Ⅰ.①蟾… Ⅱ.①陈… ②张… Ⅲ.①蟾蜍科—淡水养殖 Ⅳ.①S966.3

中国版本图书馆 CIP 数据核字 (2014) 第 271384 号

蟾蜍圈养与利用技术(第二版)

策划编辑:乔懿丹　责任编辑:李　洁　责任校对:赵　瑷　责任出版:张志平

出 版 者	科学技术文献出版社	
地　　址	北京市复兴路15号　邮编 100038	
编 务 部	(010)58882938,58882087(传真)	
发 行 部	(010)58882868,58882874(传真)	
邮 购 部	(010)58882873	
官 方 网 址	www.stdp.com.cn	
发 行 者	科学技术文献出版社发行　全国各地新华书店经销	
印 刷 者	北京时尚印佳彩色印刷有限公司	
版　　次	2015 年 5 月第 2 版　2015 年 5 月第 1 次印刷	
开　　本	850×1168　1/32	
字　　数	170千	
印　　张	7	
书　　号	ISBN 978-7-5023-9600-8	
定　　价	18.00元	

前　言

　　蟾蜍是一种经济价值相当高的药用动物。从蟾蜍身上采集到的蟾酥、蟾衣均具有很高的医药价值。蟾酥是用蟾蜍的头部耳后腺和背皮肤腺分泌的白色乳浆加工干制而成，是我国传统的名贵药材，六神丸、梅花点舌丸、季德胜蛇药、蟾力苏等数十种中成药都含有蟾酥成分。近年来的环境污染使野生蟾蜍越来越少，但蟾蜍应用范围日益扩大，国内外厂家对蟾酥的需求量日益增加。人工饲养蟾蜍，是一项花钱少、成本低、收效高、技术简单、容易掌握的又一条致富的好途径。

　　蟾蜍养殖只有用科学技术指导生产，才会成功。养殖失败，大多是因不懂科学，不会管理造成的。所以投产前，必须进行科学的市场调查研究，认真分析和考证特种养殖的前景、技术、销路、价格等，购买和收集有关养殖的书籍和资料，从理论上了解养殖技术。只有准备充分，技术科学，管理得当，养殖才能成功。

　　养殖受国家保护的野生动物时，要到当地林业部门办理《野生动物驯养繁殖许可证》，然后再养殖；出售其产品及其制品，还必须办理《野生动物经营许可证》。

　　养殖前要充分计算场地、购置饲料、机械设备、药品、水电费等资金投资。饲料费一般占养殖生产成本的大部分，降低饲料费最有效的措施是根据当地条件,开发和研究各种饲料资源,特别是蛋白质饲料。特种养殖的产品价格是随着市场需求量与生产规模的变化而变化的,作为投资者,应抓住时机,占领市场,以便赚取高额利润。

为适应蟾蜍生产的需要,我们编写了《蟾蜍圈养与利用技术》一书。在编写过程中,参考了一些相关资料,在此向原作者致谢。限于经验,缺点和错误之处在所难免,欢迎广大读者批评指正。

编　者

目　　录

第一章　蟾蜍特性

蟾蜍俗称癞蛤蟆、癞团等,在全国各地均有分布。作为两栖类动物,蟾蜍的适应性、繁殖力和抗病性都很强,在池、田、沟、林等有水的区域均可繁衍生息。

蟾蜍是捕食害虫的能手,一只蟾蜍日捕食上百只,半年可消灭害虫 2 万余条,在不施用任何农药的情况下,防虫效果达 80%以上。同时蟾蜍具有很高的药用价值,其耳后腺和皮肤腺分泌的白色浆液经收集加工制成的"蟾酥",是我国传统的名贵药材。其去除内脏后的干燥全体以及皮、舌、头、肝、胆均可入药,分别称为"干蟾"、"蟾皮"、"蟾舌"、"蟾头"、"蟾肝"、"蟾胆"。早在古代,我国劳动人民就开始利用蟾蜍治疗疾病。近年来,还发现蟾酥有一定的抗癌作用。以蟾酥为原料制作的中成药在我国已达数十种之多,如驰名中外的"六神丸"、"梅花点舌丸"、"季德胜蛇药"、"蟾力苏"等都含有蟾酥成分。在国外蟾酥也备受青睐,日本医生认为,蟾酥是治疗皮肤病最有效的外用药,朝鲜则用于治疗肿瘤,收到明显效果。

在国内外的医药市场上,对蟾酥的需求量日益增加,但目前的状况却是供不应求,造成这种状况的原因主要是传统的蟾酥采集大多是靠野外捕捉蟾蜍来完成,捕捉量远远超过其繁殖量,加上科研、教学等有关领域对蟾蜍的需求,尽管近年来有小规模的人工养殖,但也远远不能满足对其日益增长的需要。同时适于蟾蜍生活的许多潮湿地带被不断地开发,加上环境污染严重等因素,使野生蟾蜍生活栖息地大大减少,造成蟾蜍自然资源显著减少,生态平衡遭受破坏,蟾酥也短缺价扬。因此,大力发展蟾蜍的人工养殖,扩大养殖规模,将会获得很好的经济效益和生态效益,是一项成本低、收效高、技术简单而且容易掌握的新兴养殖业,其前景十分广阔。

一、养殖种类

蟾蜍科有 24~31 属 340~360 种,分布广泛,遍布大洋洲和马达加斯加以外的世界各地。我国境内有三种蟾蜍可以提取蟾酥,也是常见的养殖种类。包括中华大蟾蜍、黑眶蟾蜍、花背蟾蜍,其中最常见的种类是中华大蟾蜍,从这种蟾蜍身上提取的蟾酥,质量最佳。

1. 中华大蟾蜍

中华大蟾蜍(图 1),属两栖纲,蟾蜍科。

蟾蜍形体粗壮,长约 10 厘米以上,雄者较小。全体皮肤极粗糙,除头顶较平滑外,其余部分,均满布大小不同的圆形瘰疣。头宽大,口阔,吻端圆,吻棱显著。口内无锄骨齿,上下颌亦无齿,无声囊。近吻端有小形鼻孔 1 对。眼大而凸出,后方有圆形的鼓膜。头部两侧长有长条形隆起的耳后腺 1 对,呈"八字形"排列,该腺体能分泌出白色浆液,即"蟾酥"。躯体短而宽。在生殖季节,雄性背面多为黑绿色,体侧有浅色的斑纹;雌性背面色较浅,瘰疣乳黄色,有时自眼后沿体侧有斜行的黑色纵斑;腹面不光滑,乳黄色,有棕色或黑色的细花斑。前肢长而粗壮,指趾略扁,指侧微有缘膜而无蹼。后肢粗壮而短,胫跗关节前达肩部,趾侧有缘

图 1　中华大蟾蜍

膜,蹼尚发达,内跖突形长而大,外跖突小而圆。雄性前肢内侧 3
指有黑婚垫。

我国分布于东北、华北、华东、华中、西北、西南等省区,除生
殖季节外,白天多隐匿在石块下、草丛中或土洞内,黄昏常在路
旁、田边或草地上、河岩、塘边、沟沿及住家附近活动觅食,特别是
雨后出外活动者较多。产卵季节因地而异,卵在管状胶质的卵带
内交错排成 4 行。卵带缠绕在水草上,每只产卵 2000～8000 粒。
成蟾在水底泥土或烂草中冬眠。其蝌蚪喜成群朝同一方向游动。

蟾蜍以小动物为食,如蜗牛、蛞蝓、蚊虫以及蚂蚁、蝗虫、螽斯
和蟋蟀等。蟾体笨拙,行动蹒跚,常爬行,不善游泳和跳跃,由于
后肢较短,只能做小距离的、一般不超过 20 厘米的跳跃。10 月
份,多数蟾蜍入水隐蔽在水底杂草、稀泥中或土洞内越冬。

2. 黑眶蟾蜍

黑眶蟾蜍(图 2)体较大,雄蟾体长平均 63 毫米,雌蟾为 96 毫

图 2　黑眶蟾蜍

米。头部吻至上眼睑内缘有黑色骨质脊棱。皮肤粗糙,除头顶部无疣,其他部位满布大小不等的疣粒。耳后腺较大,长椭圆形。腹面密布小疣柱。所有疣上有黑棕色角刺。体色一般为黄棕色,有不规则的棕红色花斑。腹面胸腹部的乳黄色上有深灰色花斑。分布于我国宁夏、四川、云南、贵州、浙江、江西、湖南、福建、台湾、广东、广西、海南等地。

3. 花背蟾蜍

花背蟾蜍(图 3)体长 60 毫米左右,最长可达 80 毫米。头宽大于头长;吻棱端圆,吻棱明显;鼻孔略近吻端;颊部向外倾斜而无凹陷;鼻间距小于眼间距及上眼睑宽;鼓膜椭圆形,略小于眼径之半。前肢粗短,指细,指端尖圆,深褐色;第一、二指几等长,第四指短,末端仅达第三指远端第二关节下瘤;第二、三指微具缘膜;关节下瘤单个,内掌突小,外掌突大而圆,后肢短,胫跗关节前过废气部肩后方,左右跟部不相遇;足比胫长;趾端较尖,深褐色;趾侧均具缘膜,基部相连成半蹼;关节下瘤小;内蹠突大,外蹠突小。

图3　花背蟾蜍

蟾蜍皮肤很粗糙,背面密布大小疣粒,疣上有许多棕褐或深褐色小刺;雌蟾背面疣粒稀疏而较平滑;两性头侧疣小而少;耳后腺大而扁平;口后角具大疣。腹面满布扁平疣,腹后端及股下面有较大的疣粒;跗褶显著。皮肤用法分泌物内为黄色乳状液。生活时蟾体背面多为橄榄黄或灰黄色,有不规则的深色花斑,疣粒色或灰褐色,缀以粉红或橘红色小点;雌蟾体面为灰浅绿色,有连续而不规则的酱色花斑,疣粒多橘红色,上面有红褐色疣粒,有的沿背中线有浅色脊纹。腹面为乳白或灰白色,少数有分散的黑色小斑点。

花背蟾蜍对环境的适应能力较强,在海拔3300米以下的各种环境中,如农田、草原、森林或荒漠边缘、山地或河、湖岸边都有其活动的踪迹。白天多隐匿于农作物、草丛下、石块下和土洞内,黄昏后外出活动。但是,在产卵季节,它们昼夜都在活动。

我国主要分布于黑龙江、吉林、辽宁、河北、山东、河南、山西、陕西、内蒙古、宁夏、甘肃、新疆、青海、江苏等地。

二、外部形态及内部结构

以中华大蟾蜍为例进行介绍。

(一)外部形态

中华大蟾蜍外形似蛙而较大,体粗壮,体长一般在 10 厘米以上,雄体较小。整体可分为头、躯干、四肢三部分,颈不明显,无尾。

1. 头部

头宽大于头长,头顶部光滑;吻端圆厚,嘴巴宽大,吻棱明显;口裂深,上颌背面有外鼻孔 2 个,具有瓣膜。舌位于口腔底部,能自由翻出粘捕食物,雄体无声囊。眼睛 1 对,大而突出,位于头部两侧,有上、下眼睑,下眼睑连接薄而透明的瞬膜,向上覆盖眼球,是对陆栖生活的适应,眼球突出,视野开阔,对活动物体敏感,对静止不动的食物摄食较差。眼间距大于鼻间距;头两侧有耳,鼓膜圆形明显,眼和鼓膜的后方有大而长的耳后腺,蟾酥主要是耳后腺的分泌物。

2. 躯干部

躯干粗短,皮肤极粗糙,背部及体侧分布有大小不等的疣粒,为皮肤腺形成的瘤状突起(也可采取蟾酥),而腹部的瘤状突起较小。背部无花斑,体色变化较大,在生殖季节,雄性背面呈黑绿色,体侧有浅色的斑纹;雌性背面颜色较浅,疣粒乳黄色,有时自眼后沿体侧有斜行的黑色纵斑;腹面不光滑,乳黄色,有棕色或黑色的花斑。

3. 四肢

躯干部外侧生有 2 对附肢,叫四肢。前肢长而粗壮,指稍扁而略具缘膜,成年雄性蟾蜍前肢拇指内侧有发达"肉垫"称为"婚瘤"或"婚垫",生殖季节用以抱持雌蟾蜍。后肢短粗,宜于匍行,皮肤疣粒明显,具五趾,趾略扁,趾侧缘膜在基部相连形成半蹼。后肢是蟾蜍跳跃、游泳的主要器官。

(二)内部构造

1. 皮肤系统

皮肤系统由表皮和真皮组成。具有保护、防御、感觉、防止水分蒸发、辅助呼吸等功能。表皮是皮肤的外层,由多层细胞组成,最下面的一层细胞称生长层,最表面的 1～2 层细胞角质化,称角质层,但角质化程度不深,防止水分蒸发的能力较弱,角质层细胞可时时脱落,由生长层细胞不断产生新细胞向外推移,代替衰老的角质层细胞。表皮中富含腺体,下陷到真皮之中,这些腺体是由多个细胞组成的,称黏液腺,蟾蜍的黏液腺特别发达,它分泌黏液,排至体外,使皮肤保持湿润,以利于呼吸。除黏液腺外,蟾蜍皮肤中还有毒腺,一般认为它是由黏液腺变来的。毒腺可以分泌毒液,防止敌害侵扰。真皮居表皮之下,分为 2 层,上层为疏松的海绵层,其内分布有多细胞腺、色素细胞和丰富的血管。下层为致密层,由致密结缔组织构成。真皮下是皮下结缔组织,皮肤靠它与体壁肌肉相连。表皮和真皮中的色素细胞,在外界环境的影响下,可引起体色的改变,使体色与生活环境相适应,称这种体色为保护色。

2. 骨骼系统

骨骼系统的各个部分靠肌肉联结在一起,形成身体的支架,和肌肉系统一起使机体保持一定的姿势,完成一定的运动机能。同时,骨骼及骨骼之间形成的骨架还固定和保护着机体的内部器官。骨骼系统包括中轴骨和附肢骨两部分。中轴骨包括头骨、脊柱和胸骨;附肢骨包括带骨和肢骨。带骨分为肩带骨和腰带骨;肢骨分为前肢骨和后肢骨。

(1)头骨:包括构成颅腔的多块骨骼,统称颅骨,保护着脑组织,同时,视、听、嗅等感觉器官位于其中;还有位于颅腔腹面、构成咽腔的咽骨。头骨的整体骨架呈扁平状。

(2)脊柱:包括颈椎、躯干椎、荐椎和尾椎等,颈椎和荐椎各 1 枚,因此蟾蜍和蛙类的头部不能转动,腰部不能扭转,都只能上下活动,适于跳跃运动。躯干椎多枚,尾椎也多枚,但愈合在一起,称尾杆骨。

(3)胸骨:包括胸骨体和剑胸骨。

(4)附肢骨骼:前肢骨借助肩带骨和肌肉与脊柱联结在一起,前肢骨包括肱骨、桡骨、尺骨、腕骨、掌骨、指骨;后肢骨借助腰带骨和肌肉与脊柱联结在一起。后肢骨包括股骨、胫骨、腓骨、跗骨、趾骨等。

3. 肌肉系统

包括平滑肌、骨骼肌和心肌。平滑肌又称不随意肌,即不受意识支配,主要构成内脏器官的管壁;骨骼肌又称随意肌,是构成体壁与附肢的肌肉;心肌是构成心脏的特殊肌肉,收缩力极强。

4. 消化系统

由消化道、消化腺组成。

(1)消化道:包括口、口咽腔、食道、胃、小肠、大肠、泄殖腔和肛门(泄殖腔孔)。口宽大,位于头前端,由上、下颌构成,口角向后开至鼓膜下方,口内为口腔,与咽部统称为口腔。口内有舌,前端固着于口腔底的前部,后端游离,舌富含黏液腺,可翻出口腔外粘捕昆虫。口咽腔由口通向外界,由食管口通向食管,由喉门通向气管,有内鼻孔1对,位于腭前部两侧,咽鼓管孔1对,位于口咽腔两侧,与咽鼓管相通。食道又称食管,内壁有纵行的纹褶,食管与胃相通,其连接处称为贲门,胃与十二指肠相通,连接处称为幽门,有幽门瓣,由此将胃分为贲门部(胃的前半部)、幽门部(胃的后半部)。胃与小肠相通,小肠由前向后分为十二指肠、空肠、回肠,回肠与大肠相通,大肠主要是指直肠,直肠与泄殖腔相通,泄殖腔以肛门开口于体外。

(2)消化腺:主要的消化腺是肝脏和胰脏。肝位于体腔前部,分左、中、右三叶,中叶较小。胆囊位于左右肝叶背面之间,贮存肝分泌的胆汁。肝脏借肝管与胆囊管相通,肝脏也有肝管直通胆总管,胆总管开口于十二指肠。胰脏位于胃和十二指肠之间,外形不规则,胰脏借胰管与胆总管相通,将胰液导入十二指肠。

5. 呼吸系统

蟾蜍为两栖类动物,以肺呼吸为主,辅助以皮肤呼吸,蝌蚪则用鳃呼吸,这里主要介绍肺呼吸系统。肺呼吸系统包括外鼻孔、鼻腔、内鼻孔、喉门、气管和肺,外鼻孔位于吻端上方,1 对,具鼻瓣,可开闭,借鼻腔与内鼻孔和口咽腔相通,口咽腔通过喉门与气管相通,其气管又称喉气管室,与肺相通,肺为囊泡状结构,弹性小,气体交换能力较差,所以,要辅助以皮肤呼吸,皮肤呼吸主要靠皮肤腺内的毛细血管完成与外界的气体交换,蟾蜍冬眠时,主要靠皮肤进行呼吸。

6. 循环系统

蟾蜍的循环系统属闭锁型,包括心脏、血管、血液和淋巴系,循环系统的主要功能是将营养物质运输到全身,将机体的代谢物运输到排泄器官。

(1)心脏:位于胸腔内的围心腔内,由心房、心室、静脉窦和动脉圆锥组成。心房包括左右互不相通的 2 个心房,壁薄,共同进入 1 个心室。心室壁厚,内有柱状纵褶。右心房与体静脉相通接受机体的缺氧血,到心室内,心室将部分缺氧血经肺动脉送到肺,经过气体交换后变成多氧血,然后,多氧血由肺经肺静脉进入左心房,左心房将多氧血送入心室,由心室的收缩和其内部柱状纵褶的收缩扭转,使大部分多氧血进入体动脉至全身。动脉圆锥位于心室的基部与体动脉之间,肌肉发达,其收缩帮助心室将多氧血送入体动脉。静脉窦是血液回心脏前的汇合处,右心房以窦房孔与静脉窦相通,窦房孔具瓣膜,起着防止血液倒流的作用。心脏与肺之间的血液流动,称为肺循环。

(2)血管:包括动脉、静脉和毛细血管。动脉有颈动脉弓、体动脉弓,接受心室血液,将多氧血通过动脉送至小动脉、毛细血管,经过气体交换,释放氧气,分散营养物质,接受二氧化碳和组织代谢产物,此时的血液为缺氧血,缺氧血经小静脉、静脉进入体静脉至右心房。这个循环路线称体循环。

（3）血液：流动于血管中的物质统称为血液，血液由血浆和血细胞组成。血浆由水和各种营养物质组成，其中水占 90％以上，营养物质有蛋白质、脂类、糖、无机盐等。血细胞存在于血浆中，主要有红细胞和白细胞。红细胞体积小、数量多，主要功能是运输氧气和二氧化碳。白细胞体积大、种类多、数量大，具有吞噬作用，在机体免疫功能中起着重要的作用。

（4）淋巴系：是循环系统的辅助结构。淋巴系统在皮下扩展成淋巴腔隙。具有二对能搏动的淋巴心，用以推动淋巴液回心，不具淋巴结。淋巴液来源于组织间液，含有血浆、白细胞，不含红细胞。

7. 泄殖系统

在两栖类，排泄系统和生殖系统的器官有着密切的联系，有的器官同时完成两个系统的功能，故称泄殖系统。

（1）排泄器官：主要由肾脏、输尿管、泄殖腔和膀胱组成。肾脏位于体腔背壁、脊柱两侧，呈暗红色，长条形，外壁光滑，内缘分叶。每侧肾脏外缘连接输尿管，于泄殖腔背部合二为一，开口于泄殖腔。膀胱为 1 对薄壁的囊，在基部合二为一，于腹壁开口于泄殖腔的中线处。

（2）生殖器官：雌性生殖器官有卵巢 1 对，位于肾脏的外侧。生殖季节，卵巢内包含有大量黑色的卵，几乎充满体腔，卵巢前方有脂肪体，呈佛手状，在冬眠前及生殖季节最为发达。输卵管呈白色，位于卵巢外侧，其前端膨大成喇叭口状，称输卵管伞，开口于体腔。成熟的卵子，由输卵管伞可以进入输卵管，输卵管膨大形成子宫，子宫在后部合二为一，开口于泄殖腔，由肛门通向体外。

雄性生殖器官有睾丸 1 对，又称精巢，位于肾脏内侧，呈长椭圆形，其有脂肪体位于睾丸的前方，睾丸有输精小管通入肾脏，与输尿管相通,输尿管兼具输精、输尿作用,因此又称其为输精尿管或尿殖管,两条尿殖管在后部合并,共同开口于泄殖腔。在睾丸前端,有一黄色圆形结构,称毕氏器官(雌性卵巢的前端亦有),相当于残余的卵巢。雌、雄生殖腺前方的脂肪体,均为冬眠或生殖前的营养储备结构。

8. 神经系统和感觉器官

神经系统调节着机体的活动和代谢,机体通过感官接受外界环境的信息,通过神经系统与内分泌系统的调节,产生相应的反应,使机体与外界环境相适应,完成机体的生命活动。

(1)神经系统:包括脑、脊髓和神经。脑、脊髓同称为中枢神经系统,由脑、脊髓发出的神经和神经带构成外围神经系统。脑位于颅腔内,包括嗅叶、大脑、间脑、中脑、小脑及延脑。大脑不发达,其背面有零散的神经细胞,与陆地捕食和逃避敌害活动有关;中脑发达,是视觉中心,小脑与机体的运动和平衡有关。脊髓位于脊椎管内,灰白色,两侧发出脊神经,脊髓在腰部(第二椎骨)和肱部(第四椎骨)附近有所膨大,分别称为腰膨大部和肱膨大部,在尾部变细称为终丝。神经主要有脑神经和脊神经,脑神经有 10 对,如嗅神经、视神经、听神经等;脊神经是由脊髓发出的神经,分布于躯干和四肢,调节躯干和四肢的活动。

(2)感觉器官:感受外界环境的信息,通过神经反馈到神经中枢,使机体作出相应的反应。感觉器官包括视觉、听觉、味觉、嗅觉等器官。

①眼:眼的主要部分是眼球,另外还有控制眼球活动的眼肌,保护眼球的眼睑、泪腺等附属器官。眼球近于圆形,角膜突出,晶状体略扁圆,由于晶状体不能调节凸度,因而看不清远近距离内静止的物体。晶状体固定,焦点也是固定的,只能看清正好落在焦点上的物体,而看不清落在焦点之外的物体。虹膜的环肌及辐

射状肌可调节瞳孔的大小,节制眼球的进光量。水晶体牵引肌可将水晶体前拉聚光,但水晶体的凸度无法调节,故蟾蜍只能看清活动的物体,而对静止的物体视而不见。因此,饲喂人工配合料时需经过一定方式的训练。

②耳:由中耳和内耳构成,无外耳。中耳由鼓室和耳柱骨组成,鼓室的外方覆盖有鼓膜,鼓膜感受振动,经耳柱骨传到内耳,产生听觉。内耳由膜迷路构成,膜迷路可区分为椭圆囊、球囊和听壶等几部分。其听觉器官结构完善,听觉灵敏。因此,养殖场地应建在较为安静的地方,利于蟾蜍的生长发育。

③鼻:尚不完善,鼻腔内的嗅黏膜平坦,一部分变为犁鼻器,是一种味觉感受器。

9. 内分泌系统

由多种内分泌腺组成,主要有甲状腺、胸腺、肾上腺、垂体和性腺等,都可分泌不同的激素,影响机体的生长、发育和繁殖。

(1)甲状腺:位于颈动脉弓、体动脉弓及肺皮动脉弓基部的腹面,大如米粒,淡红褐色。分泌甲状腺素,其可调节机体的代谢,对机体的生长发育起重要作用。摘除甲状腺,蝌蚪不变态,适量注射甲状腺素,能加速蝌蚪变态。所以,人工养殖蟾蜍时,可用甲状腺素来控制蝌蚪变态。

(2)胸腺:位于动脉干向前分为左右主动脉弓基部的前方、舌骨舌肌近起点的后腹面。胸腺1个,椭圆形或近椭圆形,淡黄色(固定)。

(3)肾上腺:呈带状嵌在肾脏腹面,黄色。肾上腺皮质可分泌肾上腺皮质激素,使血液中糖、脂肪酸和氨基酸的浓度升高,促进机体对营养物质的利用,还具有调节机体内水与电解质平衡的作用。其髓质分泌的肾上腺素,能使皮肤的黑色素细胞收缩,使皮肤颜色变浅。

(4)垂体:又称脑下腺,位于间脑第三脑室的腹面、灰结节底下。包括较大的椭圆形的后叶和位于后叶的两前外缘的前叶,略呈三角形,淡黄色,是极其重要的内分泌器官。能分泌多种激素,如促肾上腺皮质激素、促黑激素、促甲状腺激素、促黄体生成素、促卵泡激素、生长激素、催产素等,对调节机体代谢起重要的作用。

(5)性腺:包括卵巢和精巢,能分泌性激素,促进性器官的发育和第二性征的出现,同时对机体的代谢也有重要作用。

三、生活习性

1. 水陆两栖性

蟾蜍为水陆两栖动物。蟾蜍无交尾器,抱对、产卵、排精、受精、受精卵的孵化及蝌蚪的生活都必须在水中进行。变态后的蟾蜍开始营水陆两栖生活,更适应陆生生活。

陆栖生活的蟾蜍,喜湿、喜暗、喜暖。白天活动较少,喜欢栖息于水边草丛、砖石孔洞、沟塘、水渠、石穴、农田、草地、山间等阴暗潮湿的地方。傍晚至清晨出来活动、觅食,夜间活跃,阴雨天活动频繁。

2. 喜静,怕惊扰

蟾蜍喜静,怕惊扰,一受惊吓,就跳跃、潜水或钻洞躲藏。在喧闹的环境下,蟾蜍难以抱对、产卵或排精。因此,人工养殖蟾蜍要注意保持环境安静,减少人为干扰。

3. 冷血变温性

蟾蜍自身体温调节能力弱,为冷血变温动物。其体温随外界温度的变化而改变,冬季需冬眠。蟾蜍主要靠体内继续的肝糖和脂肪来维持生命。人工养殖时,冬天可利用地热水、工业无害废热或安装保暖防风设备,使蟾蜍不冬眠或缩短冬眠期,以提高养殖价值。

4. 食性

刚孵出的蝌蚪,依靠卵黄囊提供营养,2～3天后蝌蚪开始进食。蝌蚪期对动物性饲料(如水蚤类)、植物性饲料(如藻类)和人工饲料(如鱼肉粉、蛋黄及豆渣、米糠、玉米粉等)都能摄食。但在自然状态下,蝌蚪孵出后喜食浮游于水中的蓝藻、绿藻、硅藻等植物性食物。随着蝌蚪逐渐长大,也喜欢吃小鱼、小虾等动物性食物,为杂食性动物。

蝌蚪变态成蟾蜍后,主要捕食蚯蚓、甲虫、蜗牛、蛞蝓、地蚕、蝇蛆、白蚁、蟋蟀、蝗虫、蛾类、蝶类等多种害虫和小动物。蟾蜍摄食时,往往是静候在安全、僻静之处,蹲伏不动,当捕食对象运动临近时才猛扑过去,动作迅速而准确。

四、蟾蜍的繁殖

蟾蜍繁殖力强,每年5～9月为繁殖季节,每对种蛙年产卵2000～8000粒,由蝌蚪变态成幼蛙约需60天。幼蛙经3～5个月饲养即为成蛙。

1. 交配

蟾蜍雌雄异体,成年雌蟾蜍卵巢中的生殖细胞经过成熟分裂,形成卵子。成年雄蟾蜍睾丸中的生殖细胞经过成熟分裂,形成精子。其交配一般是在浅水塘或流动性不大的沟溪中进行,雄蟾蜍用发达的前肢抱在雌蟾蜍腋下,刺激雌蟾蜍产卵,雄蟾蜍也同时射精。成熟的卵子和精子在体外受精,成为受精卵,同时雌体将卵产于水中。蟾蜍卵黑色,直径1.5毫米左右,动物极黑色,植物极深棕色,一般成行地排列在管状、胶质透明的卵带内,卵带长可达几米,漂浮于水中或缠绕在水草上。不同地区,蟾蜍第一次生殖产卵的时间有所不同,如成都平原在1~2月,华东沿海多在3月初,华北地区多在3~4月。

2. 发育

卵的孵化水温范围是10~30℃,水温低时,孵化较慢。最适的孵化温度为18~24℃,经3~4天即可孵化出蝌蚪。刚孵出的小蝌蚪经2~3天开始采食,先以卵膜为食,以后吃一些动植物的碎屑、水中的浮游生物等。刚孵出的蝌蚪,先以前段的吸盘附着在水草上,靠残存的卵黄囊供给营养,随后即能在水中自由游泳。蝌蚪有1条侧扁的长尾作为运动器官,营水生生活。

3. 变态

蝌蚪生长到了一定程度,在适当条件下即开始变态。外部形态上,尾部逐渐萎缩,最终消失,成对的附肢代替了鳍。孵化出的蝌蚪,经过60天的发育,变态为幼蟾蜍。

4. 生长

幼蟾蜍经生长发育成性成熟的蟾蜍,开始陆栖生活。蟾蜍喜暖怕冻,当秋末冬初,气温下降至 10℃ 时,蟾蜍就钻入砖、石、土穴或水底开始越冬,越冬期间停止进食,靠消耗体内贮存的营养物质维持机体最低代谢需要,直至次年春天,气温回升到 10～12℃ 时,结束冬眠,发育成熟的蟾蜍开始第一次生殖。每年蟾蜍的第一次生殖时间不同地区有所不同,一般气温回升至 10℃ 左右时,冬眠的蟾蜍出蛰,开始觅食活动,同时发育成熟的蟾蜍到有浅水或缓流的小溪、沟渠内交配、产卵。

蟾蜍性成熟的年龄,随不同地区有所不同,受幼蟾形成的时间、当地气候(温度、光照)、食物等各种因素的影响。一般在当年春末夏初经蝌蚪变态成的幼蟾,经过当年的适宜温度、充足的食物条件、生长发育,进入冬眠,其成熟的要快一些;而秋末经蝌蚪变态所形成的幼蟾,很快要进入冬眠,第二年春天再生长发育,则性成熟要晚得多。同样,一年内的气温变化、食物的多少,也会影响到幼蟾及青年蟾的体成熟和性成熟。一般幼蟾蜍约经 16 个月可达到性成熟。

五、环境条件的影响

1. 温度

蟾蜍为变温动物,气候对蟾蜍的栖息、摄食、生长和繁殖活动都有很大影响。气候的变化以及由此引起的食物组成和数量的变化,将使在自然条件下野生蟾蜍的生长发育受到不同程度的影响,而且需要更换栖息地,为寻找适宜的生活环境而迁移,直到找到良好的生存环境。

温度的变化会影响到蟾蜍的活动和采食量,温度适宜,蟾蜍的活动增加,采食次数及采食量也就相应增多。春天,当气温达12℃以上时,蟾蜍的活动量开始增加;夏季,当气温在20℃以上,天气温暖潮湿时,昆虫数量增多,蟾蜍的活动和采食量也增多,利于其生长和发育,同时,它的皮肤腺及耳后腺浆液充足,利于蟾酥的采收,但温度不可过高,否则会使其皮肤散失过多的水分,影响呼吸。而秋末,温度逐渐降低,食物量减少,蟾蜍的活动也减少,为越冬作准备。气温低于10℃时,开始冬眠。

温度也是影响蟾蜍产卵和孵化的重要因素之一。卵孵化的温度范围为10～30℃,最适温度为18～24℃,低于10℃或者高于30℃时,蟾蜍的产卵就会受到影响而减产或停产,从而影响蟾蜍的生长、发育和繁殖。

2. 湿度

(1)蝌蚪期:蝌蚪期蟾蜍离不开水体,即使短时间离开水体也会因此致死。

(2)幼蟾蜍和成蟾蜍:蟾蜍喜潮湿,它的皮肤角质化程度低,防止水分蒸发的能力较差,同时皮肤又兼有呼吸的功能,因而过于干燥的环境可使蟾蜍脱水,腺体分泌减少,皮肤干燥,不利于呼吸和机体代谢,从而影响蟾蜍的生存。因此,幼蟾蜍多在水中生活,可栖息于潮湿的陆地。成蟾蜍可以较长时间栖息于潮湿的陆地,而且温度越高,蟾蜍所需的湿度也越大,尤其是幼蟾蜍,更怕干燥和日晒。

3. 光照

蟾蜍喜阴暗,一般夜间、阴雨天气活动频繁,而日照强光会使其躲入洞穴、草丛,长时间日照和干旱天气会影响其活动和采食,从而影响其生长发育。但也不可没有光照,适宜的光照对机体的发育、性腺的成熟有促进作用;光照可以增加气温和水温,有利于陆地昆虫和水中浮游生物的生长、繁殖，从而提供蟾蜍充足的食物；光照促进植物的光合作用，促进绿叶植物的生长，提供有利于昆虫繁殖的环境以及蟾蜍隐蔽栖息的场所，光合作用释放大量氧气又可供蟾蜍呼吸；光照可以防止霉菌的生长，减少蟾蜍疾病的发生。所以，光照对蟾蜍的生存有重要作用。

在自然条件下，每日日照时间长短的季节性变化，调节着蟾蜍性腺的活动。若将蟾蜍长期饲养在黑暗条件下，则性腺成熟中断，或性腺活动受到抑制，以致停止产卵、排精。

4. 水质

(1)水体溶氧量：对于主要用肺呼吸的成体蟾蜍无多大的影响，因成体蟾蜍主要是陆栖生活。而对于水中卵的孵化、蝌蚪的生存、变态以及幼体的发育等影响较大。

水中溶氧的来源是空气中的氧气，因此水的溶氧量与水温、气压及水的流动有密切关系。一般说来，流动水的溶氧量高于静止水。水温高，气压低，水的溶氧量低；水温低，气压高，水的溶氧量高。例如，水温在 20℃时，1 升水中含有 9.7 立方厘米的溶解氧；水温在 30℃时，1 升水中溶解氧的量则减少至 5.4 立方厘米。

另外，水的清洁度以及水中生物的多少也影响水中氧的含量，如夏季水中生物过多，会导致水的溶氧量下降（水中生物呼吸利用氧）；人工养殖时，在水中放置过多的饵料而温度又过高时，会使水质及水的溶氧量受到影响，从而影响卵的孵化以及蝌蚪的生长发育。一般保持每升水中含 6 毫克以上的氧即能满足蝌蚪生长发育的需要。人工养殖时，要尽量利用缓流水或使用增氧机，以提高水的溶氧量。

(2)水体 pH（酸碱度）：水的酸碱度也直接影响蝌蚪和蟾蜍的生存，适宜的水的酸碱度一般为 6～8。自然环境中未被污染的缓流小溪、水沟、池塘等，水的酸碱适度，人工养殖时尽量加以利用。

(3)水体含盐量:水中的盐酸盐、硫酸盐、碳酸盐和硝酸盐等通过水的密度和渗透压而对蟾蜍产生影响。如果水中盐度高,蟾蜍体内液体和血液里盐度低,体内水分就会大量失去,造成死亡。水的适宜含盐量应在1‰以下,否则会影响蝌蚪及蟾蜍的生存。施过化肥的农田水,不能用来养殖蟾蜍。

(4)水体营养状态:自然环境的水中,往往生存有大量的浮游生物、微生物和高等的水生植物(水草等),适量的浮游生物可为蝌蚪及蟾蜍提供饵料,适量的水草利于蝌蚪和幼蟾栖息,也利于成蟾产卵和卵的孵化。但要注意,如果水质过肥,而且又在高温季节,水中容易滋生有害病菌,另外浮游生物及有害藻类(主要是丝状藻及水网藻)也大量生存,导致水溶氧量下降,加上水草及有害藻类的机械性缠绕,将影响受精卵的孵化、蝌蚪的发育和变态以及幼蟾的活动等,所以,夏季养殖时,要定期更换池水,饵料的投放要适度,以防过多饵料沉入水底造成水体污染,影响蝌蚪及蟾蜍的生长和发育。

第二章　蟾蜍养殖场地

少量养殖蟾蜍时，只要有水，并具有一定面积的陆地活动场所，如沟、坑、废塘等均可作为养殖场地，也可挖土池饲养。发展规模化的人工养殖，则必须按照蟾蜍的生态习性选择并建造一个好的养殖场地，可为蟾蜍的生长发育和繁殖创造一个良好的环境，从而满足市场需求，获得较高的经济效益。

一、场址选择

建造养殖场，场地的选择是非常重要的。在选择过程中，需要考虑的因素有：水源及其排灌，电力与交通、通讯，土质，周围环境，场地的大小等等。

1. 水源

蟾蜍是水陆两栖动物，本身喜潮湿，而且其产卵、孵化以及蝌蚪的生存完全离不开水，所以养殖场地必须建立在水源充足的地方，还要考虑水源的种类以及水质问题。养殖蟾蜍所用的水最好是山泉水、河水、湖水、水库水、坑塘水等，这些种类的水有一定的溶氧量和有机物。而井水和自来水，则需要在贮水池内经过日照增温和曝气增氧后才能作为养殖用水。水质的好坏直接关系到卵的孵化、蝌蚪的生长发育及变态。山泉水和井水含可溶性盐类较多而污染少;江河、水库、湖泊、坑塘之水,虽然含氧量高、浮游生物多,但易受各种废物的污染。所以,选择养殖场地时,要远离"三废"污染区,对以上水源进行利用时,必须分别加以处理。光照时间的长短取决于气温的高低,以达到养殖所需要的水温范围为宜。贮水池要建在较高的位置,这样在流入下面的饲养池时会自然增加溶氧量。江河、山泉、水库、坑塘之水,最好也先引入贮水池内,加入适量漂白粉,一方面增加水温和溶氧量,另一方面可起到净化水的作用,除去水中的杂质、病毒、病菌、寄生虫等。

为了监测水质,可在贮水池中放养一些小鱼,经常观察小鱼的活动,发现小鱼异常时,立即停止供水并进行检测,经过处理证明无毒害作用后,才能继续供应使用。利用贮水池供水时,不能让水由一个养殖池再流到另一个养殖池,要分别有可控制的供水管道,以便防止水质污染、疫病流行和寄生虫的传播。

同样,水的排灌也是很重要的,如干旱时的供水、暴雨成灾时的排水、养殖池水的注入与排出等均需要有一定的保障。

2. 电力

只有良好的电力供应才能保障养殖设备(如排水、喷灌、灯光诱虫、饲料加工等设施)的正常运转和利用。

3. 交通、通信保障

良好的交通条件可保障供给品的购运和产品的销售,而方便快捷的通信利于日常管理和信息的捕获,从而在市场中获得较好的经济效益。

4. 土质

养殖场以建在保水性能良好的黏质土壤上最好,既可保水,又利于蟾蜍的活动。对于渗水较快的土壤,养殖场地上需要经常喷水,修建养殖池时,池底要铺垫厚的塑料布,上面垫 20～30 厘米厚的三合土(沙、石灰、土的混合物),将三合土夯实后,上面还要垫些松土,池壁四周可砌上单层砖,也可圈围塑料布。这种方法建成的养殖池,可减少水的渗漏,增加保水功能(条件允许时,还可建成保水性能好的水泥养殖池)。

5. 周围环境

养殖场应建在靠近水源、排灌方便、通风、向阳、安静以及草木丛生、利于昆虫等的滋生的环境中。如村庄附近的小河旁、池塘旁、湖泊或水库的周围以及山脚下的溪流旁等,均为比较理想的建场环境。

综合以上因素,蟾蜍养殖场宜建在常年有水的小河、溪流旁或池塘、湖泊及水库的周围;也可将池塘、水田(如稻田)加以改造利用;还可进行庭院养殖或大田放养(如棉田、菜园)。总之,只有根据具体情况,选择合适的养殖场地,才能取得满意的经济效果。

二、养殖场的布局设计

建造一个完整的、具有一定规模的蟾蜍养殖场,不但要有产卵池、幼蟾池、成蟾池及相应的活动场所,还要有贮水池、孵化池、蝌蚪池、活饵料培育场、饲料加工场、药用产品加工车间、贮备室、药品室、水电控制室、办公室、宿舍及相应的福利设施等,这就需要较大的养殖场地。当然,也可以根据具体情况,如养殖的目的、资金的多少、场地的情况等来确定养殖的规模,如果只提供商品蟾蜍或只饲养成体刮浆蟾蜍进行刮浆,则养殖规模就较小,所需要的场地也就较小。

　　蟾蜍养殖池根据用途可分为种蟾蜍(产卵)池、孵化池、蝌蚪池、幼蟾蜍池和成蟾蜍池。对于自繁自养的商品蟾蜍养殖场,种蟾蜍(产卵)池、孵化池、蝌蚪池、幼蟾蜍池和成蟾蜍池的面积比例为 5∶0.05∶1∶10∶20。对于种苗场,可适当缩小幼蟾蜍池和成蟾蜍池所占的面积比例,相应增加其他养殖池所占的面积比例。

　　养殖池一般建成长方形,长与宽的比例为(2～3)∶1。

三、建筑要求

　　蟾蜍养殖的环境设置是高密度、集约化养殖蟾蜍的一项最重要工作之一。环境设置是否恰当合理,能否给蟾蜍营造一个适合其生长发育的优良环境,是关系到饵料能否有效地利用,也关系到蟾蜍成活率的提高,及关系到生长速度是否整齐,从而保证蟾蜍养殖业的顺利发展。

1. 防逃措施

　　以蟾蜍逃不出去为标准,一般设置双层防逃措施,内层以塑料布、沙网等光滑物防止蟾蜍逃出,外层用石棉板、水泥板,既防逃又防鼠,中间过道铺平砂土。

2. 防鼠措施

　　主要以防鼠墙、防鼠沟、电猫、药饵组成综合防鼠措施。

3. 遮阴避雨设置

　　遮阴与避雨应相结合进行,常用塑料、遮阴网、石棉瓦、草棚组成,蟾蜍不需直射阳光;散色光完全可以满足其要求,雨季应防止蟾蜍久被雨淋。

4. 隐蔽物的设置

池内要放置一定数量的隐藏物,主要是各类阔叶树,最好是带枝的树叶,以柞树为好,成垄放置,不要全面铺,也可放一些石堆、瓦片,一定要有规律放置。

5. 环境温度

夏季主要是防暑,地面温度不要超过 25℃,超过时要及时遮阴、喷水、通风降温,最好的温度控制在 18～20℃,10 月中旬以后要注意防寒,防止产生冻害,要及时把蟾蜍放入越冬池。

6. 环境湿度(主要以地面为主)

不同时期蟾蜍湿度要求不同,变态幼蛙对湿度的要求最大,以后逐渐降低,变态幼蛙湿度控制在 85%～90%,1～2 月龄幼蛙湿度控制在 80%～85%,3 月以上蛙湿度控制在 70%～80% 即可。

7. 供水加湿设施

加湿设备要保证及时、方便,全面对全场进行加湿处理。主要方法是塑料管等加上雾化喷头、水泵等。

四、养殖池的建造

蟾蜍养殖场的建设规模,根据生产需要、资金投入情况等来确定。在一定建设规模(总面积)条件下,各类建筑的大小、数量及比例必须合理。一个完整的养殖场,首先应建造围墙和大门,要有相应的设施及加工场舍、仓库、排灌系统等。除此之外,要建造各种养殖池,准备陆地活动场所和越冬场所。

蟾蜍养殖池根据用途可分为产卵池、孵化池、蝌蚪池、幼蛙池、成蛙池、蓄水池。建造各种养殖池时,均需设计建造进水孔、出水孔、溢水孔。各孔处应加设细目耐腐蚀的丝网,各池均有通向水源或蓄水池的专用可控水流管道,池内种植水生植物。池周有排水沟,溢水孔和排水孔的废水均需进入排水沟。进水孔设在池的上方,排水孔设在池的底部。溢水孔,可根据所需水深设置一个或几个,孔上加设可控水流装置,以利于不同水深时溢水的需要。池内适当种植一些挺水植物,可为蝌蚪及成蟾蜍提供适宜的栖息环境。

每个池的大小要根据饲养规模和蟾蜍的需要而定,过大则管理不方便,一旦发生病害,不利于防治;过小则池的数量增加,建池成本也增加,而且水体面积小,不利于蟾蜍的活动,水质易变。养殖池的形状以长方形为好,南北走向为佳,这样既利于人工管理又利于采光和控制阳光照射的面积。在各种养殖池中,除孵化池可建成水泥池外,其他各池因池子较大或数量较多,若全部建成水泥池,投资太大,因此最好建成土池。土池不但经济实惠,而且更接近蟾蜍的自然生存环境,利于蟾蜍的生长发育。

新建的水泥池,其内壁对水中的氧有很强的吸收能力,从而可以降低水中的溶氧量,使水体碱性增加,易产生碳酸钙沉淀,影响水质。水体碱性增加以及缺氧,会影响到蝌蚪及蟾蜍的生长,严重时可以导致蝌蚪及蟾蜍的死亡,对胚胎发育也有严重的影响,从而降低孵化率。因此,新建水泥池在使用前,一定要根据实际条件进行脱碱处理。

1. 产卵池

又叫种蛙池，用于饲养种蛙和供种蛙抱对、产卵。产卵池可采用土池或水泥池，多用土池。要设置在较僻静之处，减少干扰，以利于蟾蜍的抱对、产卵和受精。规模较小的养殖场也可不设立专门的产卵池，而以成蛙养殖池代替。如果采用养鱼池等作为产卵池，在放进种蟾蜍之前，要彻底清池，清除野杂鱼和天敌。

（1）面积：5～20 平方米，每平方米池水放养种蟾蜍 1～2 对。

（2）形状：长方形或方形。

（3）池深：池深 80 厘米，水深 40～60 厘米（以池边水深 15～20 厘米为宜），边缘浅水供蟾蜍抱对及产卵用，中间深水用于蟾蜍

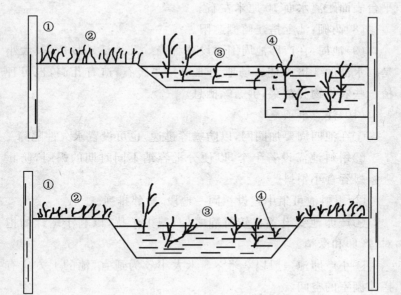

图 4　产卵池

①围墙　②陆地　③产卵适宜区　④水草

游水活动。

（4）池壁坡度：坡度约 1：2.5，以便蝌蚪变态成蟾蜍后登陆。

（5）池底：水底应有 10 厘米厚的软泥沙，并有一些水草生长，如金鱼藻、水浮莲等，便于种蟾蜍隐蔽栖息和产卵，防止卵块缠绕，也利于卵块的收集。

（6）灌水孔、排水孔和溢水孔：排水孔设在池底，作换水或捕捞蝌蚪时排水用。溢水孔设在距离池底 50～60 厘米处，用以控制水位。灌水孔在池壁最上部。灌水孔、溢水孔和排水孔都要有网目较密的铁丝网，以防止流入杂物或防止蝌蚪随水流走。池水每 3～5 天更换一部分，以保持水质清新。

（7）饲料平台：池内设置饲料平台，以占池面积的 1/3 为宜。平台表面距离水面 10 厘米左右。

（8）荫棚：池上搭建荫棚遮阳。

（9）池周：在产卵池周围要设置种蟾蜍陆地活动场所，其大小是以水池的 3 倍为佳。场地上堆积一些砖石，造有孔洞，也可种植一些农作物和蔬菜，供蟾蜍栖息。

（10）注意事项

①在池四周要加圈网，以防蟾蜍逃逸，也可设置永久性隔障。

②蝌蚪池需设若干个，以便分批容纳不同时期的蝌蚪，防止大蝌蚪吞食小蝌蚪。

③蝌蚪池可集中建设在同一地段，毗邻排列。

④产卵池要设置在较僻静之处，减少干扰，以利于蟾蜍的抱对、产卵和受精。

⑤小产卵池一般以 3 米×5 米大小较为适宜，池的上方应有搭建棚室的空间。

2. 孵化池

蟾蜍对受精卵无保护作用，受精卵小，易受天敌侵害，要求有一定的孵化条件,所以应设置专门孵化池,以提高受精卵的孵化率。孵化池最好建成水泥池,可以避免土池或沟塘内孵化时,卵块沉入水底被泥沙埋没的情况。

(1)面积:池的大小一般为 3～4 平方米。

(2)形状:长方形。

(3)池深:池深 40～50 厘米,水深 15～20 厘米。

(4)池壁坡度:坡度约 1∶3,要求光滑。

(5)池底:池底铺 6～10 厘米的沙,确保水质清新。

(6)注水口与排水口:孵化池的注水口与排水口应相互对应设置,注水口的位置高于排水口。排水口用弯曲塑料管从池底引导出来,如果池水水位过高,则池水通过排水管向池外溢出,从而调节水位。排水口宜罩以每平方厘米 40 目的纱网,以免随水排出卵、胚胎或蝌蚪。池内水有流动性,一方面增加水内溶氧量,提供胚胎发育所需氧气,提高孵化率,另一方面可保水质清新。流动水最好是经过日照和曝气的水,以保证孵化温度的恒定。

(7)池中水面:孵化时,水面上放些浮萍等水草,将卵放在草上,既可使卵没入水中,又不致落入池底而窒息死亡,同时也有利于刚孵出的蝌蚪吸附休息。也可以在离池底 5 厘米处搁置每平方厘米 40 目的纱窗板,使孵卵在纱窗板上方,不沉入池底。

(8)喂料台:如果是在孵化池中续养蝌蚪,还要设置喂料台,喂料台的大小以占 1/4 水面为宜,浸入水面 5 厘米左右。

(9)遮阳棚:据气候条件,池的上方可搭遮阳篷或保温棚。

(10)注意事项

①小型养殖场,为节约和充分利用场地,可在产卵池内设立孵化网箱。网箱用 40 目的尼龙网制成,上有盖下有底。一般长120 厘米,宽 80 厘米,其高度以箱体进入水中 20 厘米,上面仍要露出水面 10～20 厘米为宜,所以其高度 30～40 厘米即可。网箱要用钢筋焊成的和网箱大小相同的框架固定和支撑。

②更小规模的养殖场,要因地制宜,可挖一个小坑,用整块的厚塑料布将底和四周铺垫好,底面塑料布上铺沙,即可建成简易的孵化池。也可用盆、缸等盛器进行孵化。

3. 蝌蚪池

因大蝌蚪吃小蝌蚪,所以不同大小的蝌蚪最好分别用池。另外,分级分群饲养也有利于蝌蚪的生长发育,因此蝌蚪池数量较多。可建土池、水泥池,也可用沟塘改造建成。土池和沟塘改建的养殖池,其面积可大一些,几十至几百平方米,水泥池面积要小一些,几平方米至几十平方米。

(1)面积:5～20平方米。

(2)形状:长方形或方形。

(3)池深:60～80厘米,蓄水池20～40厘米。

(4)池壁坡度:约1:5,以便蝌蚪变态成蟾蜍后上岸。

(5)池底:池底平坦并有少量淤泥。

(6)灌水孔、排水孔和溢水孔:排水孔设在池底,作换水或捕捞蝌蚪时排水用。溢水孔设在距离池底50～60厘米处,用以控制水位。灌水孔在池壁最上部。灌水孔、溢水孔和排水孔都要安置网目较密的铁丝网,以防止流入杂物或防止蝌蚪随水流走。池水每3～5天更换一部分,以保持水质清新。

(7)饲料平台:池内设置饲料平台,以占池面积的1/3为宜。平台表面距离水面10厘米左右。

(8)池中水面:放养一些水浮莲、槐叶萍等水生植物,放置浮板或建突出于水面的石台,均利于蝌蚪栖息或浮出水面呼吸,否则刚变态的幼蟾也因无法呼吸而造成死亡。

(9)荫棚:池上搭建荫棚遮阳。

(10)注意事项:蝌蚪池需设若干个,可集中建设在同一地段,毗邻排列,以便分批容纳不同时期的蝌蚪,防止大蝌蚪吞食小蝌蚪。

4. 幼蟾培育池

蝌蚪完全变态后,蝌蚪转变成幼蟾蜍,移入幼蟾池饲养。幼蟾蜍池采用土池养殖为好。

(1)面积:20～40平方米。

(2)形状:长方形。

(3)池深:60～80厘米。

(4)水深:20～40厘米。

(5)池壁坡度:1∶3

(6)池底:铺10厘米厚的沙。

(7)灌水孔、排水孔和溢水孔:排水孔设在池底,作换水或捕捞蝌蚪时排水用。溢水孔设在距离池底50～60厘米处,用以控制水位。灌水孔在池壁最上部。灌水孔、溢水孔和排水孔都要安置网目较密的铁丝网,以防止流入杂物或防止蝌蚪随水流走。池水每3～5天更换一部分,以保持水质清新。

(8)陆岛或饵料台:因蟾蜍幼体吃活饵,在池中应设陆岛或饵料台。其上种一些遮阳植物或搭棚遮阳供蟾蜍寻觅饵料并休息。池中陆岛上还可架设黑光灯诱虫,以增加饵料来源。

(9)池周:在产卵池周围要设置种蟾蜍陆地活动场所,其大小以是水池的3倍为佳。场地上堆积一些砖石,造有孔洞,也可种植多叶植物、藤木瓜菜、杂草、花卉等,供蟾蜍栖息。

(10)池中水面:水中种植一些水生植物,既为蟾蜍提供良好的栖息环境,又能招引昆虫,增加蟾蜍的饵料。

(11)放养密度:每平方米放30～100只蟾蜍。蟾蜍生长快,初养时密度可大些,后期密度以小为宜。

(12)注意事项

①幼蟾蜍生长快,初养时密度可大些,后期密度以小为宜,另

外还要分级分群饲养,以防弱肉强食,影响发育。

②在池四周要加圈网,以防蟾蜍逃逸,也可设置永久性隔障。

5. 成蟾池

成蟾蜍池又分为商品蟾蜍池和刮浆蟾蜍池。成蟾个体大,又具有喜静、喜潮、喜暗、喜暖的习性,所以池的面积要大,陆地活动场所更要大。

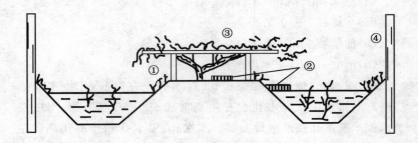

图 5　幼蟾、成蟾池
①陆地　②喂料台　③遮阳棚　④围墙

(1)商品蟾池:单池面积 20~50 平方米,池深 1 米左右,池壁坡度为 1:2,长形或方形皆可,水深 30~50 厘米,池底铺 10 厘米厚的沙,池内种养水草。每平方米水面养蟾 10~30 只,水面与陆地面积比为 1:(3~5),陆地上要种树和草坪(或农作物、蔬菜),搭篷并建多孔洞的假山供蟾蜍栖息,安装诱虫灯招引昆虫。因不同大小的蟾蜍要分开饲养,以防止以强欺弱,相互残伤,影响发育的整齐度,所以商品蟾蜍数目也要依实际需要而定。

(2)刮浆蟾池:水体要浅,一般水深 15~20 厘米;水面积要大,一般 15~20 平方米。池内水草要丰富,利于昆虫及藻类繁殖生长,池中可放乱石突出水面。陆地活动场所与水面比为 3:1,

陆地也要种植草坪、树木,建假山和多孔洞的砖石堆,以利于蟾蜍栖息。

五、附属设施的建造

1. 围墙

建筑蛙场,不仅场区四周应设围墙,以防蟾蜍逃逸和天敌入侵,而且各种养殖池的周围也应设隔离御障。一般养殖场周围御障高 1～1.5 米,场内养殖池御障高 1 米左右。蛙场防逃墙外适当种植丝瓜、葡萄等作物,为夏季青蛙生长提供较好的生活条件,并能招引昆虫,提供活饵。

(1)砖围墙:砖围墙用于整个养殖场与外界隔离,也可用于养殖场内养殖池与养殖池的隔离。用各种砖建造,墙高 1～1.5 米,墙基入土深 0.5 米,墙内面要光滑,墙顶要向场内延伸 10～15 厘米,呈"厂"状。

(2)竹木围墙:用长约 1.8 米的薄木板(厚 3～4 厘米)或竹片,竖立钉在两根各宽 5 厘米、厚 4～5 厘米、长 1～2 米的木条之间,制成一个板垣或竹垣。将若干板垣或竹垣竖立围在池堤上(入土 30 厘米),每隔适当距离用木柱或水泥柱加以固定。竹木围墙的顶端内侧做宽 10 厘米的檐。

(3)铁丝网围墙:用网孔孔径 1 厘米的铁丝网,沿池堤围之,并竖立坚固的木柱、水泥柱,以固定铁丝网。铁丝网应入土 30 厘米或用砖砌地基,高度 1.5 米,铁丝网顶端应向内倾斜。

(4)塑料网围墙:将塑料网上端用绳绞口,在池周每距 2～3 米打一根木桩,将网布固定。网布底端宜深埋 20 厘米,顶端向里倾斜。

(5)石棉瓦或塑料瓦(板)围墙:建筑方法与竹木围墙相同。

2. 排灌设施和贮水池的建造

把河流、湖泊或水库等的水引入养殖场内的贮水池,由贮水池向各养殖池供水,各养殖池废水的排出、干旱时养殖场地的喷水、暴雨成灾时由场内向场外的排水等均需要相应的排灌设施作保障。如果排灌设施不完善,不能及时供水或排除多余的水,势必造成蟾蜍养殖的混乱及相应的经济损失。

为了排灌方便,场地要建在位置较高的地方。若在平原地区建场,场地周围要挖排水沟,一方面可以排出池内换下的废水、涝时场内积水,另一方面也可以阻止外面水的流入。平地建场,场内地面最好高于场外地面,这样蟾蜍的活动场所才不会在涝时被淹。同时,为了防止干旱,还要安装喷灌设备,定期向陆地活动场所喷水,以保证一定的湿度。

各饲养池应设立注水孔、排水孔和溢水孔,以进行池中水位的调控。注水孔设在池的上方,与贮水池的管道相通。溢水孔的设置,不同的饲养池有所不同,其高度是池水的适宜深度,既可排出过多的水而又不至于将水排空。排水孔一般设在池底部,作为换水,洗刷消毒,捕捉蝌蚪、幼蟾和成蟾时排水所用。各水孔口都要设立网眼较小的耐腐蚀的丝网,以防止蝌蚪、幼蟾随水流走和杂物、敌害的侵入。溢水孔和排水孔外应留出较大的空间,排水沟也应宽大,便于水孔堵塞时进行处理。出场的水口处,也应装上细目、耐腐蚀的丝网,防止敌害侵入。贮水池应建在背风、向阳和较高的位置上(高于各养殖池),既利于水的日光消毒和增温,也利于向各养殖池供水。其大小根据养殖规模而确定,应具备满足场内养殖及其他用水的贮水量,同时要考虑是缓流供水还是向池内注水。

另外,每一养殖池或用水处,都要设立各自的引水槽或管道,并安装闸门或水龙头,以便根据需要供水或停水。为防止水的渗漏和保持水的清新,贮水池最好建成水泥池,池上方还应罩上丝网,防止杂物等的落入。

3. 活饵料培育场所的设置

规模化人工养殖,除饲喂配合料外,在适宜的季节培育饵料,既可废物利用,又可减少饲料投入。而且,增加活饵料的投喂比例,有利于蟾蜍的生长和发育,多余的活饵料可采取一定的工艺制成干粉,作为配合料的原料使用或储存备用。活饵料的培育,可采取陆地活动场所堆肥育虫,也可用专门场所和设施进行培育。有关活饵料的培育方法及场所设置,参阅第五章活饵料的培育。

4. 养殖场绿化

绿化既可以美化环境,又可以满足蟾蜍喜阴、喜潮湿的特性。在养殖场的围墙内侧、屋旁、池间、排水沟旁等种植生长较快的树木(如杨树、泡桐)和草坪,有利于蟾蜍养殖场小气候的形成。种植一定的树木可以遮阳,防止夏季过强的阳光照射;种植草坪可以保水;树木和草坪又都利于夏秋季节招引昆虫来此生活和繁殖,从而增加蟾蜍的活饵料来源,创造一个近于自然的环境。还可以在蟾蜍的陆地活动场地上种植一些作物、蔬菜等,利于蟾蜍的栖息,同时也可增加一些经济收入。

六、其他设施的利用

对池塘、水田等进行改造利用,要根据其大小及养殖的目的来完成。

（一）池塘的改造利用

（1）池塘的整治、清理与消毒首先将池塘的四周修建成具有一定的坡度1∶(2～3)，以利于蟾蜍上岸栖息，坡面上可种草坪，防止雨水冲刷大量泥土或污水进入池内。清除池塘中漂浮的杂物及有害的或较大的动物(如蛇、鱼、虾、蟹等)，拔掉过密的水草(水草过少时，要进行种养)，对不利于蟾蜍生长的有害藻类(如大型丝状藻类)也要进行清除。然后，可根据水质的好坏，考虑是否对水体进行消毒。

（2）池塘的分区隔离如果池塘水面较大，可对池塘进行分区

图6　池塘养殖

隔离,设置产卵区、蝌蚪养殖区、幼蟾养殖区及成蟾养殖区,因孵化要求条件比较严格,为了便于控制水温及水质,应在塘边单独建一个小孵化池。产卵区及蝌蚪养殖区应设在边缘的浅水处,而幼蟾及成蟾区可由边缘浅水区扩展到中间深水区,这样在池塘的边缘可以对每个区进行管理,也利于蟾蜍的上岸。分区隔离可以用塑料瓦,也可以使用耐腐蚀的尼龙网,网眼的大小以蝌蚪不能钻出为宜。各隔离区的数目和大小依池塘大小及养殖量来决定。

(3)陆地活动场所的设置在池塘的外围,距离塘边至少 2 米处设置围墙,围墙与池塘间即为陆地活动场所。围墙的高度为 1 米以上,可用砖或石建造,墙壁内侧要光滑,不能留有孔洞,以防蟾蜍逃跑。为满足不同大小的蟾蜍需要,陆地场所也要进行分隔,设隔离墙或防护网。在陆地活动场所上,要种植树木、农作物或蔬菜以供蟾蜍栖息,安装诱虫灯供蟾蜍捕捉昆虫,天气炎热时要搭遮阳篷,并向陆地场所喷水,以保证潮湿的环境。另外,为防干旱缺水或暴雨成灾,还要有相应的排灌设施,冬季还要设置相应的越冬场所。

(二)稻田的改造利用

稻田的改造利用与池塘相似,也要建造围墙,设置陆地活动场所,清理稻田中的杂物及有害动物,根据稻田的大小及养殖蟾蜍的数量对稻田进行分区(为了不影响稻田的管理,如放水、灌水等,要用隔离网进行分区)。所不同的是,在稻田旁边还要设置无稻区,在里面种养水生植物,以便稻田管理时供蝌蚪或蟾蜍栖息。另外,稻田养殖蟾蜍时,一般严禁使用农药及大剂量化学肥料,以免毒杀蝌蚪或蟾蜍,必须使用时,就将蝌蚪或蟾蜍驱至无稻区,待药物毒性完全消失后方可放回原地饲养。因此,无稻区的设置在利用稻田养殖中非常重要,无稻区的大小、数目,根据养殖情况来确定。

1. 稻田的选择

稻田综合种养系统,其主要任务是在保证稻谷丰收的前提下,最大限度的获得效益。

(1)蟾蜍虽是水陆两栖,但基本上生活在水中,因此应选择具有充沛的水源和良好水质的稻田来养殖。水源最好是河流、水库、湖泊等水域的地面水,因为地面水的水温较高,且溶氧充足。如是被有毒工业废水、农药等污染的水,不能用作水源。

(2)稻田的底质,以壤土为好。因为沙质土的保水性差,黏土虽能保水,但它的通气性差,有机物分解迟缓,水质容易变坏;而壤土的保水性和通气性都比较好。

(3)稻田最好选在地面开阔、地势平坦、避风向阳,且比较安静的地方。稻田的排灌要比较方便,易干易涝的稻田,不利于养殖。

(4)稻田的面积可大可小,从几十平方米到数千平方米都可以,主要根据各自的生产规模来确定。

2. 稻田的养殖工程设施

稻田养殖是将水稻种植与水产品养殖有机结合在同一生态环境(稻田浅水环境)中的一种立体种养模式。因此,养殖稻田的养殖工程设施,既要保证水稻栽培的需要,又要有利于水产品的养殖;既能满足水稻满灌全排的要求,又能保持一定的水产养殖的水体,并有完善的防逃、防暑降温等设施,保证稻、蛙共生,蛙稻互利,即通过人为的措施,在稻田中给蟾蜍的养殖创造一个比较良好的生态环境,促使其正常生长;给水稻的栽培创造一个更好的氛围,促使其稳产高产,从而达到稻蛙双丰收的目的。大面积的稻田养殖区,对水利设施的要求较高,需要具备必要的水源、灌排水渠道和涵闸等,做到灌得进、排得出、降得快,并且能抵御旱涝灾害。最好要求每块稻田能够独立门户,排灌分开,自成系统。

养蛙稻田的基本工程设施有田埂、蛙沟、蛙溜,注、排水口,防洪、防旱和防暑降温设施等。至于稻田的基本工程设施的建设标准,则取决于稻田水产品产量的设计要求。

(1)加高加固田埂:加高加固田埂,是为了提高并保持一定水位,防止田埂渗漏,有利于水产品的养殖,而提高其产量。加高加固田埂一般结合冬季农田整修进行,也可以在插秧前进行整田的时候,把犁起的大块田泥用来加高加固田埂。一般要求将田埂加高到 50～100 厘米,埂面加宽到 40 厘米左右。当田埂加高加宽后,一定要进行夯实,以防止大雨冲塌或渗漏水。若有可能,可在田埂的两侧及埂面种植一些草、瓜、豆等作物,利用其根系达到护坡的目的。如果有条件的话,还可以用石板、水泥板等民用建筑材料进行护坡,以保证田埂结实牢固,经久耐用,并能有效地防止水蛇、田鼠等打洞而影响田埂。丘陵山区的养殖稻田,还应该在田埂的外围挖一条排水沟,以便能让山间流下来的渍水及时排出稻田,防止山水漫田逃蛙。

(2)开挖蛙沟、蛙溜:开挖蛙沟、蛙溜(也称之为蛙凼、蛙坑),是缓解蟾蜍在稻田里栖息生长与水稻施肥、用药、晒田矛盾的一项重要工程设施,同时也有助于对蟾蜍的饲养管理和捕捞收获。因此,蛙沟、蛙溜的开挖面积和工程质量,将直接影响到稻田养殖者的经济效益,所以,蛙沟、蛙溜的开挖,一定要因地制宜,确保质量。

①开挖时间:一种是在插秧之后移植开挖,其优点是可以提高插秧工效,保证蛙沟、蛙溜的规格与质量;缺点是开挖时比较困难,尤其是田中开挖出来的泥土难以分散。属于浅沟窄垄的稻蛙工程,可采用这一时间开挖。另一种是在插秧之前开挖,其优点是开挖蛙沟、蛙溜方便,开挖出来的泥土容易分散在大田中,还可

以提高开挖的工效；缺点是在插秧的时候，要清沟理凼，而增加一些用工数量。目前，最好的做法是将开挖蛙沟、蛙溜的时间，提前在冬季或早春农闲季节，做成沟溜合一、深度在 1 米左右、宽度在 2 米左右的永久性蛙沟。这一时间开挖蛙沟、蛙溜有 5 个优点。其一，避开农忙季节开挖，劳动力好安排，而且按这一标准开挖的永久性蛙沟，可以多年利用，每年只需稍加修整，即可多年受益；其二，水产品的苗种可以早放养，其产品又能晚收获，这就大大地延长了水产品的生长期，从而能提高水产品的产量；其三，永久性蛙沟沟宽且深，便于人工投喂饲料和进行饲养管理；其四，每年在清理沟底时捞出的淤泥可以作为夏熟作物的优质肥料；其五，永久性蛙沟、沟深排水快，能避免渍害，有利于水稻生长。总之，开挖的具体时间，可根据各地的耕作习惯和劳动力情况来确定，灵活掌握。

②开挖面积：在保证水稻不减产的前提下，应尽可能地扩大蛙沟和蛙溜面积，较大限度地满足蟾蜍的生长需要。蛙沟、蛙溜的开挖面积一般不超过稻田面积的 6%～9%，最大开挖面积不能超过稻田面积的 16%，如果开挖面积过大，便会影响稻谷的产量。

③开挖形式：开挖蛙沟、蛙溜的位置、形状、数量、大小等应根据稻田的自然地形和稻田面积的大小来确定。一般来说，面积比较小的稻田，只需开挖 1～2 条蛙沟；面积比较大的稻田，通常每隔 20 米开 1 条蛙沟。蛙溜一般开在蛙沟的交叉处或开在稻田的边缘。蛙溜的面积也应根据田块的大小来确定。稻田面积大，可多开挖几个蛙溜；稻田面积小，则可少挖。每个蛙溜的面积可 5～20 平方米不等，蛙溜的深度以 0.8～1 米为宜。多年的生产实践证明，蛙溜设在稻田的中央位置比较理想，因为田中央的人为干扰比较少，有利于水产品的正常摄食与生长。

（3）开挖注、排水口，设置拦蛙设施：稻田的注、排水口应开在稻田两边的斜对角，以利于稻田进排水畅通，避免死角。面积较大的稻田,应该多开几个注、排水口。所有的注、排水口都必须安装拦蛙栅,以防止水产品逃逸和敌害生物进入稻田。常用的拦蛙栅系用竹篾、树枝、柳条等编成栅帘,呈弧形,插入泥中,密封注、排水口,其凸面朝逆水流方向,即进水口的拦蛙栅的凸面朝向田外,出水口的拦蛙栅的凸面朝向田内。拦蛙栅的孔隙以水产品苗种不会穿过为准。如使用塑料网、铁丝网作拦蛙栅,其四周都要嵌以木框,将其埋入注、排水口的泥中。设置的拦蛙栅一定要高出田埂,并经常清除注、排水口处的泥土、杂草等,保持水流通畅。如果能采用水泥筑卡槽的方式,就更加牢固了。有条件的话,可用塑料网片围拦在稻田四周的田埂边,这样就更安全了。

(4)搭棚遮荫,防暑降温:在蛙溜旁搭设遮荫棚是必要的。因为稻田中的水较浅,受日光照射和气温影响,水温的变化幅度大,尤其是在盛夏季节里,由于烈日的暴晒,稻田的水温可达到 $39 \sim$ 40°C,如果不搭设遮荫棚,就会因水温过高而影响水产品的生长,甚至引起死亡。因此,在盛夏来临前,应在蛙溜的西南一端,用树枝、凉席、稻草等搭设遮荫棚,用作防暑降温。为了充分利用光能和空间,还可以在蛙溜的埂上种植丝瓜、南瓜、架豆、扁豆等藤瓜豆类,既能为蛙溜中的水产品遮荫降温,又能提高稻田的综合利用效益。遮荫棚还可以用竹木搭架,棚高 1.5 米左右,棚的面积以占蛙溜面积的 $1/5 \sim 1/3$ 为好。架上一般可覆盖茅草、稻秆等。

3. 围栏

用围栏设施将稻田圈围起来,然后引入一定数量的蟾蜍种,稻田内有水稻为蟾蜍遮荫,水位较浅,是蟾蜍良好的生活生长的场所。同时,水稻的害虫又是蟾蜍的天然优质饵料,因此,在稻田内养殖蟾蜍其条件比较优越。另外,在稻田内养蟾蜍,蟾蜍捕食大量水稻害虫后,其排泄物又是水稻的优质肥料,对水稻具有一定的增产作用。总之,稻田养殖蟾蜍,不多占耕地,不多耗水资源,既能消灭水稻害虫,又可起到一定的施肥作用。这样,在稻田内养殖蟾蜍,既减少了种稻的投入(喷洒农药和施肥),又能实现稻谷、蟾蜍双丰收,还提高了稻谷的品质(无公害食品),可谓一举多得。当然,稻田养殖蟾蜍,需要创造一定的条件,水稻栽培管理要考虑对蟾蜍生长是否有不利的影响,同时蟾蜍的饲养管理也要考虑稻田及水稻生产的特点。

4. 饲养管理

稻田养殖蟾蜍,仅靠稻田中的天然活饵料是不够的,即使补充了一些活饵料也不能完全满足蟾蜍生长的需要,这就需要投喂一定量的人工饲料,如切碎的猪肝、蚕蛹、小蛙干等。但蟾蜍不经食性驯化,不会摄食死饵,所有不动的饵料它都视而不见,即使是再新鲜的饵料,只要不动它就不吃。然而,蟾蜍一般不能辨别是死饵还是活饵,在摄食上只是通过视觉来捕捉食物,因此,即使是死饵,只要让其晃动,就能诱使蟾蜍捕食。如果通过一段时间的食性驯化后,即使是不动的饵料蟾蜍也能摄食。

(1)蟾蜍食性驯化

①挑动式驯化:在幼蛙长到20克左右时,即可进行挑动式驯养。方法是:用一根木棍挑动不动的饵料,以达到让蟾蜍吃下死饵料的目的。

②以活带死驯化:这种驯化方式是将活动的饵料放于不动的死饵料上,使蟾蜍在吃活饵料的时候连同死饵一同吞下。活饵料以蝇蛆为好,蚯蚓次之。死饵可以是蛙肉、螺肉、蚌肉、动物内脏等,亦可以是人工配合饲料。这种驯化方式应在幼蟾长到30克左右时就开始驯化,并在此之前首先培养幼蟾定时、定位摄食的习惯。这种方法既适用于大规模养殖,又可以在幼蛙放养后进行,比较适合大面积稻田养殖蟾蜍使用。

③冲水式驯化:这种驯化方式适用于高密度集约化养殖。在

幼蟾规格为 10～100 克,每平方米放养 60～200 只时,或规格在
100 克以上,每平方米放养 50 只时,均可采用此办法。即先将幼
蛙集中在水凼或蟾池内,1～2 天不投饵,以增加其饥饿感。然后
调节水位 2～3 厘米,并将适口的饵料慢慢地投向水面,蟾蜍见后
便会上前摄食。由于蟾蜍的活动而带动水体的运动,漂浮在水面
上的饵料也随之而动,蟾蜍误认为是活饵而捕食。注意每次投饵
前应清洗投饵部位的水底,清除残饵,以防止污染水质。此种驯
化方式最后可以达到完全使用浮性配合饲料喂养蟾蜍的目的。
在具有田凼、宽沟和回形沟稻田养殖工程的地方,都可以在放养
蟾种前,先在进水口圈一定面积,然后再用此种方式驯化幼蟾,效
果很好。

　　经过一段时间驯化后,使蟾蜍基本能适应定点、定时摄食人
工饵料的习惯。投饵时,也应将饵料放在食台上,便于定点投喂
和检查蟾蜍吃食情况,并可避免饵料随风乱飘。

　　(2)施肥:对于水稻,可根据沟内水色和稻禾生长情况酌情追
加腐熟的人畜(禽)粪等农家肥。追肥应改撒施为球肥深施,或制
作颗粒肥塞入秧蔸,这样既能提高肥效,又减少了对蟾蜍生长的
不利影响。

　　(3)水深:养殖稻田应保持一定的水深,当水稻需要晒田搁田
时,应慢慢排水,以便蟾蜍进入保护沟。在盛夏高温季节,一些没
有稻禾覆盖的水田或稻株过小的稻田,水温可达 38～40℃,远远
超过蟾蜍的适应范围。为防止盛夏养殖蟾蜍稻田的水温过高,稻
田最好种中稻或早稻,收获时留高茬以培育再生稻。如果稻田附
近种有芋、莲藕等可供蟾蜍栖息,也可种双季稻。在双季稻田,如
果稻田附近没有供蟾蜍避暑的条件,为避免早稻收获后稻田水温
过高对蟾蜍的伤害,应在保护沟的上方用稻草搭若干个遮荫棚,
以利度夏。

　　(4)巡查:在围栏的两侧,应各留出至少 10 厘米宽的空地,并

保持无杂草,不让蟾蜍隐蔽,便于早晚巡逻检查。如果发现围栏出现破损或不严密的地方,应及时修复,同时注意防治敌害生物和蟾病。

5. 蟾蜍的收获

稻谷收获后,田中昆虫减少,水温下降,蟾蜍活动减少,此时可适时收获。如需捕捉干净田内全部蟾蜍,需排干田水,然后几人并排遍田捕捉。部分蟾蜍可能潜入稻田沟凼泥中,可在晚上待蟾蜍出泥活动时,用灯光捕捉漏捕的蟾蜍。平时若需少量起捕,其方法很多,如晚上灯光照捕、诱饵钓捕等。

(三)庭院养殖

在庭院中选择温暖、潮湿、遮阳的地方挖坑建池,池的大小视蟾蜍数量及庭院大小而定,以不少于 2 平方米为宜,池深 80 厘米,要有一定坡度,池底及四周铺上塑料布,可设有进水孔和排水孔,离池沿 1 米处建土或砖的围墙,高度 1 米以上,若低于 1 米要用纱网罩面,以防禽类,如鸡、鸭等的进入。池子上面要搭遮阳篷或在池外四周栽葡萄、丝瓜、扁豆,墙内平地要垒大小不等的石洞、瓦穴,空隙地安装诱虫灯,引诱昆虫供蟾蜍捕食。池底铺设 10 厘米厚的泥沙,水深 15~20 厘米,池中种养水草,为蟾蜍的生长发育创造良好的环境。

(四)大田放养

适合放养刮浆蟾蜍的大田有棉田、菜园等,这些环境中虫子较多,既保证刮浆蟾蜍饵料的供给,又起到生物防治虫害的作用,可谓一举两得。大田放养也要圈设围墙或防护网,高度 1 米以上,网眼大小以蟾蜍不能钻出为宜。围墙或防护网外围可种树木或高大的农作物,墙内空地上挖设水坑或在浇地的垄沟内注满水,保持大田的潮湿环境,满足蟾蜍的生活习性。大田放养蟾蜍,一般不需喷药治虫,施肥也要施有机肥,防止伤害蟾蜍。

(五)果园套养

利用现有果园进行人工养蟾蜍可谓一举多得,蟾蜍可以消灭果林害虫,并生产出珍贵药材蟾酥、蟾衣和上等仿生态蟾肉及因害虫危害轻而生产出的优质果品。果园养蟾蜍成本低,此法设施简单,管理方便,工作量小,效益高,单位面积的经济效益可提高80%左右。

果园养蟾,可以在园中挂几盏黑光灯(日光灯亦可),晚上引诱林中害虫,如蚊蝇、飞蛾、甲壳虫等扑向灯边,使蟾蜍自行爬去捕食。如在树下堆上些土杂肥、厩肥、稻草、秸秆等,任其滋生蚯蚓、蛆虫和其他小虫子,若阴雨天气诱不到空中昆虫时,可用人工翻动堆肥赶出蚯蚓等任蟾蜍择食。这样不仅解决了蟾蜍食源,还除灭减少了果园害虫。果园养蟾蜍可对果林少施农药,又能增加土壤肥力,提高果品质量、产量,从而提高经济效益。

果园养蟾蜍,设施简陋,只要用小竹木片在果园四周做支架,支架上围上高60~70厘米的塑料薄膜作防逃墙即可,此墙又可防止墙外蛇类侵入危害蟾蜍。如有条件,还可采用防蛇网,一可防止蟾蜍外逃,又可把进园的蛇逮住不致死亡,再放归大自然。一般每亩(667平方米)面积中放养蟾蜍300~500只。果园四周不用建高大的围墙,围墙高了,反而遮住灯光而引诱不到外面昆虫了。

（六）藕田养殖青蛙

藕田水温适宜,含氧量高,饵料生物丰富,是蟾蜍遮荫乘凉和生活的好场所。蟾蜍可捕食大量农田害虫,蟾蜍粪可起到肥田作用。蟾藕共生,相互促进,经济效益显著。

1. 藕田规划

藕田要求水源充足、水质较好、阳光充足、进排水方便、保水力强、土层肥沃。先将藕田整平,留出田埂。每亩施人畜粪500～600千克、磷肥30～50千克作基肥。沿田边开挖"目"字形围沟,沟宽和沟深各80厘米。田埂高60厘米,宽70厘米,并夯实,保持一定坡度。沿田埂四周用木桩和聚乙烯网布围成1.5米高的防逃墙,网布埋入土内20厘米。田内设置若干个小岛,或在田埂上用瓦块搭成小洞,供其栖息,田埂对侧设有注、排水口,并密装栅栏和密铁窗网等装置,防蛙逃逸。

2. 植藕放蛙

藕田灌水前,亩用生石灰35千克化浆全池泼洒消毒藕田。注水15～20厘米,按株、行距1.5米×2米均匀栽植早熟藕种。每亩栽植藕种100千克。植藕10天后,放养重20～30克经人工驯食后的幼蟾蜍3000～5000只。也可在幼蟾蜍入田后人工驯食。

3. 饲料投喂

幼蟾蜍下田后,投喂蚯蚓、小鱼虾、田螺、粪蛆以及米糠、豆渣、玉米粉等饲料。藕田内装置黑光灯诱虫,或用发酵后的畜禽粪肥养殖蚯蚓及蝇蛆等,增加饵料来源,并在陆地和水面广布饵料台,以满足蟾蜍摄食需要。投喂量随着蟾蜍长大,由占蟾蜍体重的 5% 左右增加到占体重的 15% 左右,投喂原则是量少次多,以投喂后在半小时内吃完为好。

4. 日常管理

定期加水和更换新水,每半月注水 1 次,高温季节应加深水位至 30 厘米。围沟内投放水葫芦、水草等水生植物。经常检查防逃设施及池埂上的洞穴,发现围栏网布破损或不严密的地方,要及时修复。注意巡查,发现敌害立即予以捕捉或驱赶。常打扫食场,清除残饵,定期用漂白粉或生石灰消毒食场。发现病蟾蜍后,及时捞出隔离治疗,以防传染。

第三章　蟾蜍的繁殖技术

蟾蜍为雌雄异体，有性生殖，卵生，无交配器官，体外受精，卵在水中发育。蟾蜍的繁殖发育过程包括生殖细胞的发生、发情、求偶、抱对、产卵和受精，受精卵经胚胎发育孵化成蝌蚪，蝌蚪经变态发育成幼蟾，幼蟾生长发育为成蟾，此乃蟾蜍的整个生活史。在蟾蜍的生活史中，蝌蚪以前的发育过程均在水中，变态成幼蟾后开始水陆两栖生活。

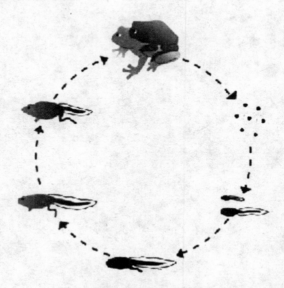

图7　蟾蜍的生活史

一、生殖细胞的产生

生殖细胞又称性细胞，包括精细胞和卵细胞，它们分别在雄性的精巢和雌性的卵巢内产生，从性细胞分化开始到发育成熟，可分为增殖期、生长期和成熟期三个阶段。

1. 卵细胞

又称卵子，在卵巢内形成。生殖季节，性成熟的雌性蟾蜍巢内的卵原细胞开始进行有丝分裂，即进入增殖期，形成大量的卵原细胞。部分卵原细胞进入生长期，细胞内大量储存营养物质（如卵黄颗粒），体积增大成为初级卵母细胞，然后进入成熟期，在成熟期，初级卵母细胞要进行连续两次的细胞分裂。细胞分裂2次，而染色体只复制1次，结果子细胞染色体的数目和母细胞相比减少了一半，这种分裂称为减数分裂。减数分裂的第一次分裂染色体减半，分裂后形成2个细胞，较大的称为次级卵母细胞，较小的称为第一极体。大、小2种细胞开始进行减数分裂的第二次分裂，染色体数目不再减少，只是染色单体的分离，因此，又称第二次分裂为等数分裂，其中次级卵母细胞分裂后形成1个成熟的卵和1个极体——第二极体，第一极体也同时进行等数分裂形成2个第二极体。所以，1个初级卵母细胞经过减数分裂形成1个成熟的卵和3个极体。这种不平均的分裂，使卵细胞有足够的营养以供将来发育的需要。极体无受精发育能力，所以卵子的数量要少于精子的数量。成熟的卵子从卵巢的滤泡中落入输卵管伞，在输卵管内包上输卵管壁分泌的胶质膜，并在输卵管膨大形成的子宫内暂存，在抱对时，大量卵子排出体外。

2. 精细胞

又称精子,在精巢内形成。精细胞的形成过程和卵细胞基本相同,但是没有极体的产生。在精巢内,精原细胞经过有丝分裂形成大量的精原细胞(增生期),一部分精原细胞继续增生,另一部分精原细胞经过一定次数的增生后,停止增生,进入生长期,体积增大,染色体复制加倍,精原细胞变为初级精母细胞,然后进入成熟期。在成熟期的 2 次细胞分裂中,是在初级精母细胞分裂(第一次分裂)到次级精母细胞时,染色体减少一半,次级精母细胞再分裂(第二次分裂)产生 4 个精细胞。形成的精细胞埋于精巢内支持细胞的胞质陷窝内,这些精细胞经过分化过程再转变成精子,精子的数量要多于卵子。成熟的精子在整体上可分为头部、颈部和尾部。头的顶部为顶体,顶体内有蛋白水解酶,可消化卵黄膜,精子的尾部是运动器官,尾部的摆动使精子运动。精子形成后,先进入贮精囊,再进入精细管,并紧密地呈团块状排列在精细管内。当抱对时,精细管上的纤毛摆动和精细管的收缩,使精子离开精细管,经输精小管进入输精尿管,以精液的形式排出体外。

二、繁殖技术

饲养蟾蜍的主要目的在于收集蟾酥及其他器官组织入药,教学和科研也需要一定数量的蟾蜍,蟾蜍的需求量将会越来越大,但自然界中野生蟾蜍的数量越来越少,大量捕捉会影响正常的生态平衡。为满足市场的需求,扩大蟾蜍的养殖规模,饲养体质健壮、繁殖力强的种蟾蜍不仅可以制备高质量的蟾酥及其他药用品,同时也为蟾蜍的扩大再生产打下良好的基础。

(一)种蟾蜍的选择

在选择种蟾蜍时,需要注意以下几个方面。

1. 具有蟾蜍种性特征

一般来说,蟾蜍个体越大,则生殖力越强,产生精、卵细胞的质量越好,受精率和孵化率也越高;个体越小,则生殖力、精卵细胞的质量、受精率以及孵化率均较差。一般要求雄性有明显的婚垫,雌性腹部膨大、柔软,卵巢轮廓可见,富有弹性等。

2. 个体特征

种蟾蜍个体要大,体质要健壮,皮肤有光泽,无病无伤。凡躯体及四肢被刺伤、留有伤痕或洞孔的,四肢发红,肢指(趾)骨裸露,行动迟钝,皮肤无光泽、发黑或腐烂的,均不宜作为种蟾蜍。

3. 年龄

一般2～5年的青壮年蟾蜍,产生精、卵细胞的数量多,质量好。而且,在这个年龄范围内,随年龄的增加产生精、卵细胞的数量也有所增加,卵的受精率也高。5龄以上的老龄蟾蜍,精力下降,其产生精或卵细胞的数量可能不少,但受精率和孵化率均较低,不宜作种用。小于2龄的蟾蜍,不能产生精、卵细胞或产生的数量少,也不宜作种用。

4. 亲缘关系

要选择亲缘关系较远的雌、雄蟾蜍作为种用。因为亲缘关系较近的雌、雄蟾蜍配对繁殖,其受精率和孵化率均较低,孵出的蝌蚪畸形的多,蝌蚪成活率低,存活的个体发育不良的多,生长速度和抗病力均较差。

5. 雌雄比例

选择种蟾蜍时,还应注意雌、雄比例。一般雌、雄比例以(1~2):1为适宜,也有人认为雌雄比例可达到3:1。雌体过多或雄体少,会使受精率降低。因为在繁殖期可能多个雌体在较短时间内发情,而雄体较少,在短时间内不可能与多个雌体抱对,即使抱对,由于间隔时间短,雄体不能产生足够的精子使卵细胞完全受精,从而降低受精率。

雌雄鉴别时要注意以下几点。

①雄蛙个体较小;雌蛙个体较肥大,腹部膨大,在肛门处有一个长约0.2厘米的灰白色突出物。

②雄性耳膜鼓直径比眼径大,雌性耳鼓膜直径比眼径小或等大。

③雄性咽喉部呈明显黄色,雌性咽喉部呈白色或具黑色斑纹。

④雄性具内声囊,鸣叫声洪亮;雌性无内声囊,鸣叫声低微。

⑤雄性前肢第一指较发达,具婚瘤;雌性前肢第一指不发达,无婚瘤。

(二)种蟾蜍的来源

1. 购入种蟾蜍

购入种蟾蜍时,除注意种蟾蜍选择中的几个问题外,要考虑购入蟾蜍的年龄和购入的时间。

不在冬眠期间购入,因为冬眠的蟾蜍抵抗力弱,强行挖出冬眠的蟾蜍,会影响其正常的代谢,易生病。而且冬眠期间的气温较低,气候变化较大,会加重购回后的管理负担。夏秋季节,蟾蜍的活动力强,易于损伤,气候炎热干燥也会影响其机体代谢,造成运输的不便。所以,无论购入幼蟾蜍还是成熟的蟾蜍,在冬末春初,蟾蜍刚出蛰时购入较好,此时蟾蜍的代谢水平低,活动能力差,易于运输。

不同地区蟾蜍结束冬眠的时间有所不同,购入时要加以考虑。如果购入的是幼体蟾蜍,随着季节的变暖,气候的稳定,即可开始食性驯化,如是喂养活饵,这时的昆虫数量逐渐增加,一些无毛虫体也开始出蛰,利于饵料的补充,也可以在自然条件下培育活饵料,以此作为幼蟾的饲料。春季如果购入经食性驯化的性成熟的蟾蜍最好,因为购入后即可繁殖,只要购入前准备好蟾蜍生活的场所和饲料,短期内即可繁殖,当年即可上市幼蟾和药用成蟾,如作为刮浆蟾蜍,第二年即可刮浆。

2. 捕捉种蟾蜍

在野外捕捉种蟾蜍,可在冬眠即将结束或出蛰后一直到秋季之间进行。选择个体大、体质健壮、无病无伤、性征明显的个体作为种用,不能种用的可整体入药或饲养用作刮浆。冬季,蟾蜍多群集于池塘、沟渠等水底泥沙中冬眠,在早春接近出蛰时慢慢向上活动,此时,可用小型拖网在水底捕捞。有的在水内树根、石块下,可放干水捕捉。也可在出蛰后,到有浅水的池塘、沟渠边进行捕捉。若在春天至秋天蟾蜍活动频繁时捕捉,可在夜间、清晨或雨后蟾蜍出来活动时捕捉,也可在白天于蟾蜍栖息的草丛、孔穴中寻找捕捉。

3. 捞卵块

孵化这种方法较为经济,但增加了管理负担。一般选择早期产出的卵进行孵化,在春末夏初的雨后,到稻田、池塘、水沟等有机质丰富的浅水域寻找,此时的卵在正常的环境条件下,3～4天可孵出蝌蚪(如气温较低,需要时间则长一些),蝌蚪经60天左右可变态为幼蟾蜍,幼蟾蜍经16个月左右达到性成熟。

　　捞卵块时注意蟾蜍卵与青蛙卵的区别,如果卵结成的卵块是一团一团的,这就是青蛙的卵;如果许多卵成一条连续的线状长带,带内的卵排成行,像一串珠子似的,这就是蟾蜍的卵。

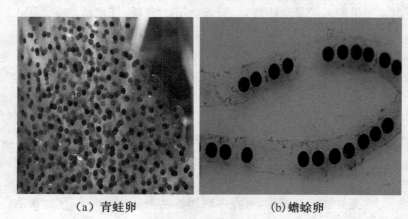

　　（a）青蛙卵　　　　　　　　（b)蟾蜍卵

图 8　青蛙卵与蟾蜍卵的区别

4. 捞蝌蚪

　　也可以稻田、池塘、水沟等捕捞蝌蚪,但要注意蟾蜍的蝌蚪与青蛙的蝌蚪的区别。青蛙的蝌蚪身体近似圆形,尾巴很长,体色较浅,口在头部前端。蟾蜍的蝌蚪身体有些长,黑色,尾巴比较短,其颜色比身体稍浅,口在头部前端的腹面,并且蟾蜍的蝌蚪比青蛙的蝌蚪相比要大得多。

（三）种蟾蜍的饲养

选择优良的种用蟾蜍后，必须对其进行科学的饲养管理，以保证种蟾蜍体质健壮，繁殖力强，生产出高质量的后代，从而提高蟾蜍养殖的效益。

1. 场地的清理、整治与消毒

在种蟾蜍放养前，要清理放养池、喂料台和整治陆地活动场所，清理后的放养池和喂料台要进行消毒，以杀灭细菌、病毒、寄生虫等，待毒性消失后，注入日晒曝气水，以池边水深 15～20 厘米为宜，最好是缓流水。池内要种养水草，池水温度以 18～24℃为宜，夏季炎热时，可在池的上方搭遮阳篷。如果在池塘、沟渠或水田放养种蟾蜍，也要清理水中杂物，检查水的质量，必要时也要进行消毒处理。成体蟾蜍主要栖息在陆地，可在陆地活动场所种植树木、农作物、蔬菜等，既利于遮阳、栖息，又可保湿并招引昆虫。陆地活动场所还要定期喷水以保持一定湿度，还要堆砌多孔洞的砖石堆用于蟾蜍栖息，并检查防护网或隔离墙的完整性，以防敌害如蛇、鼠等的侵入。

2. 放养

种蟾蜍的放养密度要根据实际放养情况灵活掌握，如场地的大小、养殖的数量、饵料的多少、发育的快慢、气候情况等均能影响放养密度。若场地小、养殖量少、饵料充足，放养密度可大些；若场地大、养殖量多、发育快、气候炎热等，可减小放养密度。种蟾蜍个体大，放养密度过大，影响种蟾蜍的活动，并会因竞食引起相互残伤，影响其产卵繁殖；放养密度过小，竞食性差，摄入的食量少，发育缓慢，也浪费场地。如果放养的是幼蟾蜍，每平方米水面可放养 30 只左右,随着日龄的增加和个体的长大,可减少放养的密度。接近成体时,每平方米水面可放养 10 只左右。性成熟或处在繁殖期的蟾蜍,其放养的密度一般为每平方米水面 2~4 只,雌雄比例为(1~2)∶1,这样利于雌、雄配对繁殖,并保证卵的受精率和孵化率。

3. 饲喂

蟾蜍主要以活饵料为食,食性驯化较其他蛙类难,但耐心细致、循序渐进的驯化,也可以使其摄食死饵料。但作为种蟾蜍,其饲料应以活饵料为主,死饵料为辅,比例为 7∶3。死饵料中,动物性饲料的比率要多,一般占到 30%~60%。每日饲喂 2 次,饲喂时间为上午 7~8 时,下午 6~7 时,日饲喂量为体重的 10%~12%。对于产卵期前后的蟾蜍,需要加强饲养管理,增加活饵料和蛋白质饲料,保证其体质在产卵后能迅速恢复,不影响下一次产卵。

4. 日常管理

(1)防止饲喂霉败变质饲料,投料量的多少依实际饲喂情况而定,如饲喂 2 小时后剩余料多,说明投料量大,下次应减少投喂量;如饲喂 2 小时后或不到 2 小时,饲料全部被食光,说明投料量少,应增加投喂量,以防止蟾蜍争食而相互残杀。产卵前后要增加维生素和蛋白质的供给量,以活饵料为主,应达到日粮的 60%~70%以上,配合料占 30%左右。能量饲料不可过高,以免体内脂肪过多而影响繁殖。

(2)保证一定的饲养密度和雌、雄比例,以保证产卵量和受精率。

(3)尽量保持水温恒定(18~24℃)和水质清新,如不是缓流水,要定期换水,每周换水 2 次,每次换掉池水的 1/4~1/3,炎热季节可增加换水次数,新旧水温差不大于 2℃。要随时清理池内杂物,以免水质变坏。

(4)随时观察种蟾的生活情况,发现病蟾蜍要及时诊治,必要时可进行一定面积内或全场的消毒,也可进行药物预防,以免疾病传播造成损失。

(5)要保持隔离墙的完整性,防止蟾蜍逃跑和敌害侵入。

(6)越冬期注意保暖。

总之,对种蟾蜍要加强饲养和管理,做好养殖记录,发现问题及时处理,以免造成经济损失。

(四)种蟾蜍的抱对、产卵与受精

蟾蜍自然产卵、受精过程的完成,必须借助于雌、雄蟾蜍拥抱配对(简称抱对)。雄蟾蜍没有交配器,不可能发生雌雄两性交配,而是进行体外授精。抱对可刺激雌蟾蜍排卵,否则即使雌蟾蜍的卵已成熟也不会排出卵囊,最后则退化、消失。

1. 抱对

种蟾蜍性成熟后,就要开始抱对繁殖,不同地区,第一次抱对的时间也不同,一般是在蟾蜍出蛰后,水温回升至 10℃ 以上时,性成熟的雌、雄种蟾蜍便开始抱对繁殖。雄蟾蜍比雌蟾蜍提早 1～2 周发情。雌蟾蜍未发情时,拒绝雄蟾蜍的拥抱。

抱对前,雄性蟾蜍集中在池塘水边或水生植物上鸣叫,招引雌蟾蜍。卵子成熟的雌蟾蜍会响应雄蟾蜍低沉(与青蛙有别)的鸣叫,或依恋于雄蟾蜍左右。此时,雌雄蟾蜍在水面互相追逐,最后雄蟾蜍跳上雌蟾蜍背上和雌蟾蜍抱对。抱对时间一般为 9～12 小时,有的长达 24 小时,在抱对的同时,由于雄体的拥抱和刺激,雌体背负雄体边在水草间爬行,边将卵产在水中或水域内的水草

图9　抱对、产卵

上,同时雄体排精,精、卵在水中结合。待产卵、排精完毕,雄体便离开雌体。在种蟾蜍抱对产卵期间,要注意保持环境安静,以免雌、雄蟾蜍受惊吓后中途散开而不产卵。

2. 产卵、受精

雌、雄蟾蜍抱对的同时,雌蟾蜍背负雄蟾蜍在水草间爬行,并借助腹部肌肉和雄蟾蜍的搂抱收缩产卵,将卵产在水中或水域内的水草上。同时,雄蟾蜍排精,精、卵在水中结合,完成体外受精。受精后的受精卵外面有层卵胶膜包裹。待产卵、排精完毕,雄蟾蜍便离开雌蟾蜍。

产卵时间一般10～20分钟。自然产卵受精的时间多集中在早晨4～8小时,雨天产卵少。

(五)人工催产

一般情况下,性成熟的雌、雄蟾蜍能够进行正常的抱对、产卵

与授精,但个别蟾蜍由于某些原因,造成雌、雄不抱对,也就不能
产卵与授精。另外,在生产上为了饲养方便,按要求需要获得大
量的同一规格的蝌蚪,这就要求同一池中种蟾蜍抱对、产卵的时
间要集中。在这些情况下,均需要对种蟾蜍进行人工催产。

1. 催产药物

有绒毛膜促性腺激素(HCG)、促黄体生成激素释放激素类似
物(LRH-A)、蟾蜍脑下垂体等。HCG 和 LRH-A 有商品出售。

2. 蟾蜍脑垂体的摘取和蟾蜍脑垂体注射液的制备

(1)蟾蜍脑垂体的摘取:蟾蜍脑垂体位于脑的底部,即上颚后
部,隐蔽于蝶骨的蝶鞍中。用尖手术剪从颚骨的一角插进蟾蜍
嘴,剪开两侧嘴角至鼓膜后面,在鼓膜后面横着把头剪下。然后
把口腔上颚的皮肤向前翻起,露出头骨,用小剪刀从枕骨大孔向
眼窝前侧斜剪两刀。将剪成的三角形骨片向前翻折,并用镊子将
此骨片提起,即暴露出脑的腹向,可见一粉红色的小体便是脑垂
体。用镊子捏住周围的结缔组织,取出脑垂体。

(2)蟾蜍脑垂体注射液的制备:把新收集的或经丙酮干燥过
的蟾蜍脑垂体,在经过消毒处理的小研钵中,研磨成粉末状。然
后加蒸馏水,最好加生理盐水(即蒸馏水内溶入 0.65% 的氯化钠)
或加林格氏液(配制方法:氯化钠 6.5 克,氯化钾 0.14 克,氯化钙
0.12 克,碳酸氢钠 0.2 克,磷酸二氢钠 0.01 克,葡萄糖 2 克,溶解
于 1000 毫升蒸馏水中即成。应随用随配)稀释,使其溶解,取上
清液使用。

3. 药物使用剂量

(1)雌蟾蜍每千克体重用蟾蜍脑垂体 6～8 个,并加 LRH-A
25 微克或 HCG 500～600 国际单位。也可每千克重单用 LRH-A

30 微克,或 HCG1200 国际单位,或 15～20 个蟾蜍脑垂体。

(2)雄蟾蜍相当于雌蟾蜍 1/2 的剂量。

4. 使用方法

在水温 22～28℃时,注射量为每千克雌蛙用 5～10 个雄蛙脑垂体的提取液。再加促黄体生成素释放激素(LRH)类似物 5～10 微克、绒毛膜性腺激素 2500～5000 国际单位,其混合注射液量 1～2 毫升。大多采用臀部肌肉或腹部皮下一次注射。臀部肌内注射按 45°进针 1.5 厘米左右。腹部皮下注射则用镊子夹起皮肤,按水平方向进针 2.5～3 厘米。注射时最好两人操作,一人用左手握住头部,并用拇指与示指夹住前肢,右手握住蟾蜍的后肢,腹部向上,防止蟾蜍后蹬跃起。另一人右手握针筒,左手压住后肢或夹起皮肤,准确进针。退针时,用左手拇指与示指按摩针孔,防止药剂外溢。注射后,按 1:1 的雌、雄比例,将种蟾蜍放在产卵池水边,让其自行活动或进入水中(水温在 25℃左右)。

5. 注意事项

催产药物的使用主要适于性成熟的蟾蜍,而没有达到性成熟的蟾蜍,其精或卵尚未生成,即使有生成,其生活力也差,强行催出后,其受精率和孵化率均较低。所以,要选择那些有足够的生长日龄、性征明显的蟾蜍进行催产,方可达到目的。另外,药物的使用剂量也可根据催产效果和实际经验灵活掌握。

(六)人工授精

人工催产的雌蟾蜍可让其与雄蟾蜍抱对后产卵受精,也可以通过人工授精的方法,使成熟的卵子和精子结合,完成受精过程。

人工授精一般在药物催产后 25～40 小时,通过挤压雌蟾蜍腹部能排出卵子时进行。

1. 制备精液悬浊液

（1）将雄蟾蜍杀死或麻醉，用剪子和镊子剖开其腹部，取出精巢。

（2）将精巢轻轻地在滤纸上滚动除掉粘在上面的血液和其他结缔组织。

（3）在经消毒处理的研钵入培养皿中把精巢剪碎，每对精巢加入 10～15 毫升生理盐水或 10％的林格氏液稀释，静置 10 分钟，即制成精液悬浊液。

2. 挤卵授精

（1）挤卵方法：抓住雌蟾蜍，使其背部对着右手手心，手指部分刚好在其前肢后面圈住蟾蜍体。另一人抓住后肢，使其伸展，然后用左手从蟾蜍体前部分轻加压力，并逐渐向泄殖腔方向移动，使卵从泄殖孔排出。

（2）授精：将雌蟾蜍的卵子挤入刚配制好的精液悬浊液的器皿中，边挤卵边摇动器皿，或用羽毛等柔软物品轻轻搅拌，促使精子与卵子充分接触，提高受精机会。水温在 20～30℃时，受精率最高。水温低于 18℃或高于 32℃，受精率都会降低。1 小时后，如卵已受精，则黑褐色的动物极自动转向上方，而植物极转向下方。

三、孵化技术

卵的孵化是指受精卵在一定的环境条件下，从分裂开始到出膜成为蝌蚪的过程。不同的养殖规模,采取的孵化方法有所不同。孵化量大时,要在专门的孵化池或孵化箱中进行;孵化量小时,可用简易孵化池或水缸、瓷盆等盛器来完成孵化。

1. 孵化设备

(1)孵化网箱:用每平方厘米40目聚乙烯纱网,固定在网箱架上做成。其长、宽分别为100～150厘米、70～100厘米,高50～80厘米。孵化前,先在箱内盛卵,然后将箱沉入适当水体孵化,箱底入水深10～20厘米。

(2)孵化框:孵化框的形式基本上和孵化网箱相同,只是用1.5～2厘米厚的木板钉成30～40厘米高的框架,框底用每平方厘米40目的聚乙烯网钉紧。孵化时,盛卵浮于池中,入水深度10～15厘米。

(3)孵化池结构:见养殖池的建造部分。如果种卵少,可用缸、盆等容器盛水(水深5～10厘米)孵化。

2. 孵化前的准备

孵化前首先清理孵化池内的杂物及淤泥,用清水冲洗干净后,对孵化池进行消毒处理,待毒性消失后,在池内注入经光照和曝气的水,水底铺垫10厘米厚的沙,水深15～20厘米。水不可过深,否则沉入水底的受精卵会因缺氧或温度过低而停止孵化,影响孵化率;水过浅时,会因日晒使水温过高,也影响孵化率。根据具体情况,可在孵化池上方搭建棚室,以控制光照的强度和水温的高低。

一般孵化温度控制在18～24℃为宜。池水要保持缓流状态,以保证水质清新、水温恒定,也有利于保持池水的溶氧量。在孵化池内种养一些水草,对放置的水草先用0.003%的高锰酸钾水或市售的能饮用的消毒水浸泡10分钟,以防带入病原微生物和寄生虫,消毒后用清水冲洗水草,然后放入池内。

种养的水草如水花生、凤眼莲、水浮莲等,以不浮出水面为宜,可用以支撑卵块,防止卵块下沉或缠绕。

3. 卵块的采集与孵化

在繁殖季节,每天早晨巡查产卵池,发现卵块应及时采集。一般是在产卵后 20 分钟左右,卵带吸水膨胀时采集卵块。时间过短影响受精率;时间过长,卵膜过多吸水膨胀和软化,由于种蟾蜍的游泳,会使卵块碎裂沉入水底,因缺氧致死而影响孵化率。收集卵块时,要用光滑器具捞取和盛放,防止损伤卵块。如卵带过长,可剪成小段,如卵带黏着在水草上,可剪断水草捞取,然后轻轻倒入盛器中,慢慢移至孵化池。

搬运卵块时,避免震荡。将盛卵的容器口靠近水面,轻轻将卵块倒入孵化设备内。收集、搬运和倒卵时不能颠倒卵块方向。受精卵的动物极(呈青黑色)朝上,植物极(为乳白色)朝下。倒卵动作切忌过大。倒卵时,切忌从高处往下倒卵。

4. 孵化期的管理

在温度适宜(18～24℃),各种环境条件良好时,受精卵经 3～4 天即孵化出身体细小、尾部摇动的小蝌蚪。刚孵化出的蝌蚪,游泳能力差,吸附在水草或水池壁上,不游动也不摄食,而是以体内的卵黄为营养,3～4 天后,两鳃盖完全形成即开始摄食,从此可每天投喂蛋黄(捏碎)或投豆浆,也可喂单细胞藻类、水蚤类、草履虫等。蝌蚪孵出 10～15 天后,即可转入蝌蚪池饲养或出售,即出苗进入蝌蚪培育阶段。

(1)孵化的密度:每平方米水面 6000～8000 粒卵。非缓流水孵化时,每平方米水面 3000～5000 粒卵。

(2)孵化水温:水温宜控制在 18～24℃,最大温度范围 10～

30℃。气候多变季节(早春),要在池的上方搭建塑料棚室,既防风雨又保温,夏季炎热时要搭遮阳篷,保证孵化正常进行。孵化期要保证水质清新,缓流水的流动不得冲动卵或胚胎,防止大量的卵或胚胎集结成团,影响胚胎对氧气的需要。可将卵带放在水草之间,使卵带相互隔开。若用静水孵化,要注意经常换水,每天至少下午换水1次,每次换1/4左右的水,水温差不大于2℃。如采用孵化框、孵化网箱孵化,其进水深度宜在15~20厘米。孵化期间,禁止向孵化水源或水体施肥,以免造成水质污染。

(3)孵化环境:及时清除滞流杂物,随时捞出死卵,防止影响卵的正常孵化。孵化环境要安静、避风、向阳,但不要强光直射,孵化池周围不能养啄食禽类,并防止野禽等啄食卵块,也要防止蛇、鼠、鱼、成蟾等进入池内吞食或损伤卵及胚胎。孵化过程中,如有大雨,应事先用塑料薄膜遮盖孵化池,以防雨打散卵块。采用孵化网箱或孵化框孵化,如刮大风,应用绳子将其上下左右加以固定。

要注意所孵化卵的日龄,尽量把相同日龄的卵放在同一个孵化池内孵化,使孵出的蝌蚪大小均匀,便于管理。否则,日龄相差较大的卵在同一孵化池内孵化,会出现蝌蚪大小不一,卵、胚胎、蝌蚪同在一池的混乱局面,大蝌蚪食小蝌蚪,小蝌蚪又食胚胎或卵,造成经济损失。

(4)出孵和出苗:蟾蜍胚胎发育至心跳期,胚胎即可孵化出膜,即孵化出蝌蚪,这一过程即出孵。刚孵出的蝌蚪全长5~6.3毫米,幼小体弱,以吸收卵黄囊内养料为主,不会取食,游动能力差,主要依靠头部下方的马蹄形吸盘吸附在水草或其他物体上休息。因此,刚孵出的蝌蚪不宜转池,不需要投喂饵料,不要搅动水体。

5. 影响孵化率的因素

受精率是影响孵化率的重要因素之一,而影响受精率的因素又主要有以下几个方面。

(1)雌、雄种蟾放养比例不当。

(2)蟾蜍过于衰老,精子或卵子的活力不足。

(3)水温 25～30℃最适宜孵化,卵经 2 天左右即可孵化。18～20℃时约需 4 天孵化出小蝌蚪,22～25℃约需 3 天孵化出小蝌蚪。繁殖早期,宜在孵化池上设保温设备,以避免夜晚和寒潮的低温影响。炎热的夏季,宜对孵化池采取遮阳等措施,以防止水温过高。

(4)孵化用水要求清洁,不能含有毒物质,有机物含量低,pH在 6.5～7.5。水中盐度应在 0.2%以内。不宜用自来水(自来水含氯,对受精卵有致死作用)。

(5)蝌蚪脱膜以前,水中溶氧量应保持在 3.4 毫克/升以上。蝌蚪孵出至鳃盖完成期以前,应保持在 5 毫克/升以上。

(6)蟾蜍胚胎发育过程中应使卵块浮于水中,防止其沉入水底。

(7)蟾蜍卵外面的胶膜在充分吸水膨胀后变得稀薄,弹性很差,卵块容易粘结成团,受搅拌、严重震荡等机械作用时都会使蟾蜍胚胎受损。因此,要注意避免机械震荡。

(8)保证孵化中的胚胎接受自然光照。

(9)注意防范野杂鱼、野蟾蜍、水生昆虫等有害生物。

因此,要提高孵化率,也应在这些方面加以注意。孵化期要做好孵化记录,如孵化池号、水温、水深、入孵时间、卵的数量、孵出时间、孵化率、孵化中出现的问题等,以便管理和查阅。

四、发育与变态

1. 发育

卵受精后 2～4 小时开始分裂。因卵中卵黄分布不均匀,而进行不完全卵裂,形成最早的胚胎——囊胚,囊胚又继续发育经原肠胚和神经胚,当胚体出现外鳃、口、尾鳍、心脏跳动和血液循环时,即冲破卵胶膜进入水中,孵化成独立生活的幼体——蝌蚪。

图 10　蟾蜍蝌蚪

在适宜的温度(18～24℃)和其他条件下,受精卵发育成幼体(蝌蚪)的时间一般为 3～4 天。刚孵出的蝌蚪以前端的吸盘附着在水草上,此时没有口,不吃东西,靠残存的卵黄供给营养,几天后形成了口,开始摄食卵膜及水中的微小生物,同时长出一条扁而长的尾用来游泳。头部两侧生有三对羽状外鳃(呼吸器官),以后外鳃消失,在其前方产生内鳃代替外鳃进行呼吸,内鳃外有鳃盖。与此同时,身体两侧出现侧线,心脏为一心房和一心室。

2. 变态

在正常的环境条件下,孵化出的蝌蚪经 60 天左右变态为幼蟾蜍。

从蝌蚪到幼蟾发生如下的变化:在适宜温度 18～24℃ 的水中,蝌蚪在 30 日龄左右时长出后肢,约 50 日龄时长出前肢,与此同时,尾部开始萎缩,被作为营养吸收,此时蝌蚪摄食减少,应减少饲料投喂。

图 11　长出后肢的蝌蚪

在尾巴被吸收的同时,内鳃开始退化,肺逐渐形成,此时的蝌蚪呼吸能力弱,鳃和肺共同承担机体的呼吸功能,有时在水中呼吸,有时浮出水面呼吸,不能长期潜入水中。待内鳃完全退化,肺完全形成后,则开始肺呼吸兼皮肤呼吸,心脏也变为二心房一心室。

此时的蝌蚪尾巴已经消失,四肢具有了支撑机体的能力,完

图 12　长出四肢的幼蟾蜍

全变态为幼蟾蜍,幼蟾蜍开始上岸,行水陆两栖生活。

　　刚变态的幼蟾蜍个体小,适应能力差,还不能较长时间在陆地生活,需经常潜回水中,经过一段时间的发育,个体增大,适应能力增强,可以较长时间离开水而行陆栖生活,但仍需要潮湿的环境,不能长期在干燥的环境中生存。

　　变态后的幼蟾蜍,一般约经 16 个月达到体成熟和性成熟,具有繁殖力,繁殖时仍需要回到水中。作为刮浆蟾蜍,达到体成熟后即可进行刮浆。

五、捕捞与运输

　　经过一段时间的精心饲养,可根据需要对蝌蚪、幼蟾蜍和成蟾蜍进行捕捞和运输。

图 13 完全变态的幼蟾蜍

（一）蝌蚪的捕捞与运输

1. 蝌蚪的捕捞

捕捞蝌蚪时，要小心操作，不要使蝌蚪体表出现外伤。

（1）鱼苗网捕：适宜在大面积的蝌蚪池中捕捞。一般只需用鱼苗网在池中拉一次即可捕捞起绝大部分蝌蚪。

（2）塑料窗纱网捕：根据蝌蚪池的大小用窗纱制作捕捞网，一般网长 3～4 米，操作时两端各 1 人，中间 1 人，采用类似于拉鱼苗网的方法，即可获得良好的捕捞效果。

（3）网抄捕：适宜在小面积的蝌蚪池中捕捞。网抄包括抄柄、网圈、网三部分。抄柄可用坚硬的木棍或竹竿等、网圈用粗硬的铁丝、网用塑料窗纱等做成。

2. 蝌蚪的运输

适宜运输的蝌蚪大小为 20～50 天的中型蝌蚪。装运前,先将蝌蚪在清水中密集停食吊养 1～2 天。运输时,不要使蝌蚪体表出现外伤。运输过程中要及时捞去伤亡的蝌蚪。

(1)运输条件

①水温 15～25℃,蝌蚪池水温与包装工具箱水温之差小于 3℃。水温过高,可加冰块或者换凉水降温。

②水质:用水质清新的江、河、湖泊、水库水或无毒井水如自来水,应通过日晒除掉水中余氯。水中溶氧量不得低于 1 毫克/升。注意换水或及时施用速效增氧剂,也可加进压缩纯氧气后密封包装工具,蝌蚪长距离运输前,可在清水中停食 1～2 天,排除体内的粪便,以减少运输途中水质的污染。

③装运密度:装运密度越大,耗氧量也越大,水质污染就越快。装运密度与装运工具、水温、运输距离远近及时间长短、个体大小等有很大关系。通常每升水装 1～1.5 厘米长的蝌蚪 100只,2～3 厘米长的 50～60 只,4～5 厘米长的 25～30 只。

④运输时间:运输时间越长,蝌蚪耗氧量越多,体质就越弱。因此,应尽量缩短运输时间。

(2)装运用具

①桶:多采用木制、铝质、白铁、塑料等制成。直径 30 厘米左右,高 30～40 厘米。适宜短途人力肩挑运输。

②塑料壶:规格为 42 厘米×34 厘米×18 厘米。适用于各种车辆、船只、飞机等载运。

③塑料袋:用透明聚乙烯薄膜加工而成。采用塑料袋装运必须配套使用纸箱。

④帆布桶:由帆布袋与支撑架组成,可根据运输工具做成各种形状。适于短途大量运输。

（3）装运量：装运量为每千克水放 1～1.5 厘米长的蝌蚪约 100 尾、2～3 厘米大小的蝌蚪 50～60 尾、4～5 厘米大小的蝌蚪 25～30 尾。

（4）装运方法

①用桶装运：装水量一般为桶容积的 2/3。蝌蚪装好后，用聚乙烯网布覆盖并扎住桶口。每 5～6 小时换 1 次水。在暑热季节挑运，宜在清早或傍晚进行，中午宜停在阴凉处休息。

②用塑料壶装运：用清水将塑料壶洗净，检查有无漏水现象。先装清水至 1/3 处，在壶口处放一大型漏斗，将蝌蚪带水从漏斗装入。蝌蚪装好后，加水至壶的 2/3 处，最后将壶口用聚乙烯纱网封口。每 4～5 小时换 1 次水。

③用塑料袋充氧装运：先检查塑料袋是否漏气、漏水，然后带水加入蝌蚪。装水和蝌蚪容积占总袋容积的 1/3～1/2。充氧前先将袋内空气挤出，然后立即充进压缩纯氧气。充氧结束时将袋口扎紧，用线绳严密封口。塑料袋宜装进纸箱或者木箱中运输，以免受损破裂。若 20 小时内能够到达目的地，途中可不换水充氧。

（5）注意的问题

①运输时不要使蝌蚪体表出现外伤。

②运输过程中要及时捞去伤亡的蝌蚪。

③注意水温、水质和溶氧量。

（二）幼蟾蜍和成蟾蜍的捕捞与运输

1. 幼蟾蜍和成蟾蜍的捕捞

捕捉蟾蜍时，注意不要损伤蟾蜍皮肤。捕捉人员要戴上手套、口罩及眼镜，防止蟾酥溅入眼鼻引起肿痛。如蟾酥不慎进入眼鼻，可用紫草煎水清洗。

（1）拉网捕捉：对于在水较深，水面较大的养殖池、池塘、沟等水体内密集精养的蟾蜍，可采用大网围捕。先清除水体内障碍物，再拉网捕捉。

（2）灯光诱捕：在夜间，用手电照射蛙眼捕捉。或在夜间打开诱虫灯，对摄食虫体的蛙进行围捕。

（3）干池捕捉：排干池水捕捉。

（4）诱饵钓捕：用长 2～3 米的竹竿，一端拴一根长 3 米左右的透明尼龙线，线端串扎蚯蚓、蚱蜢、泥鳅、小杂鱼等诱饵。准备一个柄长 1 米的捞网，网袋应深达 1 米左右。操作时，一手持钓杆，上下不停抖动；一手持捞网，发现蟾蜍吞饵咬稳时，即可收竿，并将蟾蜍迅速投入网袋中。

（5）手工捕捉：少量捕捉时可用此法。

2. 幼蟾蜍和成蟾蜍的运输

（1）包装工具：包装工具要求保湿、透气、防逃。可以用木、铁或塑料制成的桶、帆布袋、木箱、铁皮箱以及内衬塑料薄膜的纸箱等。包装用具的侧面要有通气孔，装入传出前应该在底部垫放一些水草或者湿布，并储蓄适量水分。

（2）装运密度：按每平方米包装容器面积计算，10 克左右幼蛙约 1400 只，20～30 克的 800 只左右，250 克的成蟾蜍 160 只左右，400 克的种蛙 100 只左右。

（3）装运管理：先洗净蟾蜍，装进包装用具，用湿布覆盖，然后加盖启运。装运前 2～3 天，停止投饵，以免运输途中排出粪便。选择在 10～28℃ 的凉爽天气运输。夏季高温期间，尽量选择阴天或晴天的晚上运输。途中经常淋水，调节蟾蜍体温，防止强烈的震动、碰撞，注意透气，尽量缩短运输时间。

第四章 蟾蜍的饲养管理

蟾蜍一生要经过卵、幼蟾蜍及成蟾蜍等不同的发育阶段,因此各个时期的饲养管理要根据各个时期的生理特点各有侧重。

一、蝌蚪的饲养管理

蝌蚪是指刚由卵孵化出到长出四肢前的幼小蟾蜍个体。蝌蚪期的饲养管理十分重要,它关系到蝌蚪饲养的成活率、生长发育快慢、体质、变态以及幼体蟾蜍的生长发育等。所以,要加强蝌蚪的饲养管理,以保证变态后的幼体蟾蜍发育良好、体质健壮。

(一)放养前的准备

刚孵出的蝌蚪,身体细弱,适应环境和抵抗敌害的能力差,所以要做好放养前的准备工作,采取相应有效的措施养好蝌蚪。

蝌蚪孵出后,需要经过10~15天的发育,才能将蝌蚪由孵化池转移至蝌蚪池。按照这个时间,根据季节情况,提前对蝌蚪池的防风、防雨、防日晒、防敌害、保温等采取措施。同时,将池内杂物等清理干净,放干池水,进行消毒。如果是大型土池或沟塘改建的蝌蚪池,不易更换池水时,可带水消毒。

1. 清池

对土池,蝌蚪放养前 1 个月将水排干,挑走淤泥,经日晒处理。然后在蝌蚪放养前 5～7 天清池、消毒。对水泥池,放养前4～5 天,用清水洗刷干净,在池底垫一层泥土,并在阳光下曝晒1～2 天后注入新水,培肥水质。如是新建成的水泥池,应事先进行脱碱处理。

(1)水浸法:将池内注满水,浸泡 1～2 周,其间每 2 天换 1 次新水。

(2)过磷酸钙法:将池内注满水,按每 1000 千克水溶入 1 千克过磷酸钙,浸 1～2 天。

(3)醋酸法:用 10％的醋酸(食醋也可)洗刷水泥池表面,然后注满水浸几天。

(4)酸性磷酸钠法:将池内注满水,每 1000 千克水中溶入 20克酸性磷酸钠,浸泡 2 天。

2. 消毒

用清水将水池、用具冲洗干净,均进行喷洒或浸泡消毒,待毒性消失后,用清水冲净,即可放水。如果是土池或沟塘改建的养殖池,其池水不易更换时,可带水清塘消毒,毒性消失后即可种植水生植物,培育浮游生物。

(1)生石灰:排干池水,亩用生石灰 50～75 千克,撒匀后注入6～10 厘米的薄水层。也可带水清池,每亩每米水深用生石灰125～150 千克。

(2)漂白粉:排干池水,亩用有效氯占 30％以上的漂白粉 4～5 千克。未排水的池塘,每亩每米水深用有效氯占 30％以上的漂白粉 12～15 千克。使用时,先将漂白粉放入木盆或搪瓷盆内,加水稀释后进行全池均匀泼洒。

（3）茶粕：将新鲜茶粕砍削成小块，用热水浸泡一昼夜后，全池均匀泼洒。每亩每米水深约 25 千克。

3. 浮游生物的培育

如果具备培养浮游生物的培育池，可先在培育池内培养，待蝌蚪池放养蝌蚪后，可定时捞取浮游生物放入蝌蚪池喂养蝌蚪。如果没有浮游生物培育池，可直接在蝌蚪池内进行培育。

（1）施肥：在蝌蚪池消毒、注水后，施放有机质粪肥，如牛粪、猪粪等，用量为每平方米水面 0.5～1 千克，为加快水质培肥速度，每平方米水面还可加施 5 克尿素和 4 克过磷酸钙，约 3 天后，池中即可有浮游生物生成，此时放入蝌蚪，可保证蝌蚪有充足的食物。如果是在原孵化池中培育蝌蚪，应在蝌蚪刚开始脱膜时，逐次少量地洒入晒干或腐熟的有机肥培肥水质，2～3 天后，水中浮游生物如硅藻、绿球藻、金藻等即可繁殖起来，此时正好供蝌蚪采食。

（2）植入水草：池中还应植入一些水草，如水葫芦、浮萍、金鱼藻等，约占水面的 1/2 左右，以供蝌蚪栖息并起到遮阳的作用。放置水草可随培育浮游生物的有机粪肥同时植入池中，如果是在孵化池中培育蝌蚪，在孵化前就要植入水草。无论培肥水质养育浮游生物还是植入水草，都要保持水质不被污染和具有一定的水溶氧量，以保证蝌蚪有一个良好的生长环境。放养前还要注意池中是否有大型枝角类生物生长，如果有应及时清除。

（二）放　养

1. 蝌蚪暂养

蝌蚪孵化出膜后，幼小体弱，摄食能力差，对外界环境反应敏感。因此,不宜转池培育,而应该暂养 10～15 天后,才可转入蝌蚪池饲养。

刚孵化出的蝌蚪,3～4 天后开始采食浮游生物或动植物碎屑,此时可加入一些蛋黄,方法是先将鸡蛋煮熟,剥出蛋黄,弄碎后加少量水搅成稀糊状,撒入池内供蝌蚪来食。一般每 1 万只蝌蚪加 1 个蛋黄,随后可适量增加。

蝌蚪转入蝌蚪池之前,应根据蝌蚪的大小、强弱进行分群,以便分池放养。

2. 放养

(1)放养前的检查工作:蝌蚪放养前应对蝌蚪池和池水进行全面的检查工作,为放养前做最后的准备。

①检查池中是否藏有敌害生物,一旦发现应该及时处理。

②检查蝌蚪池的水质、水温是否符合蝌蚪生长要求。

(2)试水:经消毒的蝌蚪池,要等毒性消失后方可注水并放养蝌蚪。因此,放养蝌蚪应试水。方法是从蝌蚪池中取一盆底层水放几十只蝌蚪试养 1 天,如果蝌蚪正常生活,就证明池中药物毒性已经消失,水质适于蝌蚪生活。否则,蝌蚪不能入池。

(3)放养技术

①蝌蚪在放入蝌蚪池前宜喂饱,以加强蝌蚪入池后的觅食能力。一般每 1 万只蝌蚪喂 1 个蛋黄,捏碎后撒入蝌蚪池。

②从孵化池或暂养池捞取蝌蚪,转入蝌蚪池饲养。

③按蝌蚪的大小、强弱,分级分池放养。

④放养时,应注意蝌蚪的日龄,最好是同一日龄的蝌蚪养在同一池内,以防争食和大吃小的现象发生,造成损失。

⑤放养密度:15～30 日龄 500～800 只/平方米,30 日龄至变态成幼蟾蜍之前为 200 只/平方米,变态过程中 100～150 尾。密度过小,浪费场地;密度过大,蝌蚪活动区域小,摄食量受影响,从

而影响其生长发育。

（三）饲　养

　　转入蝌蚪培养池中饲养的蝌蚪，主要采食浮游生物，除蝌蚪池中培育的浮游生物外，根据需要可加入由专门的浮游生物培育池中提供的小浮游生物。另外，也可加入一些动植物饲料粉，如鱼粉、蚯蚓粉、豆粉，以及玉米糊、切碎的嫩菜叶等。干粉饲料在投喂前要用温水浸泡，待吸水后才能饲喂，以免蝌蚪食后消化不良、胀肚或发酵胀气，致使蝌蚪伤亡。加喂配合料，是在缺乏活饵料时，为保证全价营养，提高饲料利用率，降低饲料成本的一个有效方法。

1. 饵料

　　蟾蜍蝌蚪的饵料供应，一是直接培肥水体，增加浮游生物的数量；二是人工投饵补饲。

　　（1）追肥：用各种腐熟、发酵的人畜粪肥或将无毒叶草类压入塘泥沤肥。每1～2周每100立方米池水放入25～50千克。选择晴天撒施池中，闷热天气不要施肥。

　　（2）人工投饵补饲：15～50日龄用豆渣、麦麸、米糠、切碎的植物嫩叶、蚕蛹、蝇蛆、蚯蚓等人工饵料，同时投喂一些浮游动物、植物等。50日龄以后以动物性饲料为主。

2. 投饵次数

　　30日龄以前，每天投饵1次，上午8时投饵。30日龄以后，每天投饵2次，上午8时、下午3时各投饵1次。

3. 投喂量

一般为蝌蚪体重的 7%～10%。每 1 万只蝌蚪每日投饵量：30 日龄以前投入人工饵料 0.4～2 千克；30 日龄以后投入人工饵料 2.1～12 千克。每次投喂料要注意观察蝌蚪采食情况，投喂 2 小时后，如剩余料过多，说明投喂量大，下次要减少投喂量。如没有剩余料，说明投喂量小，要适当增加投喂量。

4. 投饵方式

(1)全池匀洒：人工投喂培养的浮游生物或豆浆，常采用这种方式。

(2)设置饵料台：投饵一般每 2000～3000 只蝌蚪设 1 个饵料台。饵料台面积约 1 平方米，安放在水面下约 20 厘米处。

（四）管　理

1. 密度与分群

合理的养殖密度和按日龄大小、体质强弱等分群，是饲养蝌蚪的关键，其直接影响到蝌蚪的生长发育。根据各种情况，如营养、日龄、气候、场地大小制定合理的饲养密度，有利于蝌蚪的生长发育，并可提高其成活率。饲养条件好，水质肥，可适当增加饲养密度，反之则减少饲养密度。根据蝌蚪的日龄大小和强弱进行合理分群也是蝌蚪正常生长发育的关键。因为蝌蚪有大欺小、弱肉强食的特点，所以最好将相同规格的蝌蚪放养在一起。一般在蝌蚪 20～30 日龄时按大小、强弱分一次群，50～60 日龄时再分一次群。

2. 水温与水质

水温是影响蝌蚪正常生长发育与变态的因素之一,适于蝌蚪生长发育的水温范围是 16～28℃,最适为 18～24℃。水温适宜,蝌蚪活动力强,采食量大,利于生长发育,一般约 60 天即可由蝌蚪变态为幼蟾蜍。水温低于或高于以上温度范围,将影响其活动、摄食和发育变态。水温高至 35℃时,体弱或日龄小的蝌蚪将有零星死亡,水温达 37～38℃时会大批死亡。控制水温的方法,一是保持水的流动性,流速不宜过大;二是缓慢注入新井水降温,但不要突然或大量注入低温水或将蝌蚪直接放入井水中,以防低温应激导致死亡。搭建遮阳篷,增加池内水草,加设增氧装置,也有利于池水降温,增强蝌蚪的生命力。如水温低,可建保温室,设置热源,或用薄膜覆盖,或注入日晒曝气的池水,以提高水温。总之,要保持水温在正常范围,以保证蝌蚪的良好发育。

水质的好坏也直接影响蝌蚪的生长发育与成活率。首先,要保证池水中有足够的溶氧量,每升池水中的溶氧量应不低于 6 毫克。水体要求中性,pH 在 6.5～7.5,含盐量不高于 1%。另外,水质要肥,有一定的浮游生物,但浮游生物量不可过多,以免影响水体溶氧量。为了保证良好的水质,非缓流水养殖时,要定时换水,尤其是在夏季,每次换掉水体的 1/3～1/2,根据水质和气温情况,每周换水 1～2 次,所换水应为日晒曝气水,同时放入一定量的浮游生物,或直接换入水质较好,富含浮游生物的浮游生物培养池的水,以保证水体富含食物。如果没有水生物培养池,水中也无浮游生物,要注意换水后增加活饵料、动植物粉料或配合料量。粉料要浸湿吸水后方可饲喂,以防蝌蚪采食过量,造成胀肚和消化不良。

3. 环境与巡池

蝌蚪饲养池内不能有大型枝角类水生物生存,以防其争食,影响蝌蚪的摄食和增加耗料量。蝌蚪池附近不能有鸡、鸭、鹅、蛇、鼠等动物,以防伤害蝌蚪。还要保证环境安静,防止蝌蚪惊恐而影响发育和变态。注意检查蝌蚪池内的水温、水质、料量、蝌蚪生活状态等。蝌蚪长时间漂浮水面、露头漂浮、不摄食、不游动,说明水质缺氧、变坏、水温低或蝌蚪有病,应及时采取有效措施进行处理,处理方法如增氧、换水、消毒等。另外,要经常清理漂浮杂物、死蝌蚪、喂食的死饵料、配合料等,以保证水质良好。

4. 蝌蚪的变态及越冬其控制

从长出后肢至四肢形成、尾巴消失成为幼蟾蜍为止的过程即为变态。蝌蚪变态受季节、气候、水温、水质、饵料、饲养密度等因素的影响。6～7月份以前孵出的蝌蚪,正常饲养条件下,一般2个月左右可变态为幼蟾蜍,到冬季可安全越冬。6～7月份孵出的蝌蚪,经2个月左右变态为幼蟾蜍就到了季节性降温时期,其生长速度慢,生长期短,很快入冬,个体小,越冬困难。所以采取加速蝌蚪变态,增加幼蟾蜍生长期时间,同时加强饲养管理,使蟾蜍长成较大的个体,以增强抗寒越冬能力的措施是非常必要的。7～8月份及以后孵出的蝌蚪,经2个月左右变态为幼蟾蜍就到了9～10月份或更晚,虽然近年同期气温有所升高,但也已近寒冷冬季,幼蟾蜍发育时间短,个体小,储存营养少,第二年会提前出蛰,出蛰后,因春季气候变化复杂,昼夜温差大,而且食物又以配合料为主,活饵料较少,除非有条件控制养殖环境和其他养殖因素,否则,幼蟾蜍的成活率将有所降低。所以,7～8月份尤其是8月份以后孵出的蝌蚪,要推迟其变态。因为,蝌蚪在水中越冬,其抗寒能力要比幼蟾蜍强,只要水底不结冰,其可在水中活动。而对刚变态完毕或变态之中的蝌蚪，其抗寒能力差，死亡率高。所以，控制变态，避免7～8月份及以后时期的蝌蚪变态进入冬季，是降低蝌蚪死亡率，提高蟾蜍成活率的有效方法。

加速蝌蚪变态以及推迟蝌蚪变态的具体方法如下。

（1）对于6～7月份，尤其是7月份孵出的蝌蚪，加速其变态（最迟变态完毕时间在9月上旬以前），保证变态后的幼蟾蜍有足够的生长发育期而安全越冬。方法是：增加放养密度，初放养密度为每平方米1500～2000尾，20日龄时800～1000尾，30日龄时300～500尾，50～60日龄时150～200尾；增加水温或使水温恒定控制在最佳范围18～24℃；提高动物性饲料比例，降低植物性饲料比例，并增加饲料投喂量，促进蝌蚪提前变态。

（2）对于7～8月份，尤其是8月份及以后孵出的蝌蚪，要推迟其到第二年春季发生变态，因为推迟了变态，蝌蚪生长期长，个体大，变态后生长迅速。方法是：降低放养密度，初放养密度为每平方米水面500～800尾，20日龄时300～500尾，30日龄时150～200尾，50～60日龄后100尾；控制水温在15℃以下，降温可采用增加水位、缓慢注入深井水、加入外河水、搭建遮阳篷等措施；增加植物性饲料比例，降低动物性饲料比例。创造良好的越冬条件。为保证冬季蝌蚪在不变态的条件下有一个较高的成活率，体质健壮，第二年春季变态后，幼蟾蜍个体大、抵抗力强、成活率高，这就要求要有一个良好的控温措施，防止昼夜温差过大以及忽冷忽热等的影响而造成伤亡损失。

①加深池水，防止蝌蚪活动水层结冰。一般水深80～100厘米，缓流水深60～80厘米，各地可根据情况灵活掌握，以不结冰为宜。

②保证水质良好和有较高的溶氧量，尤其是静水，池内可设置增氧装置，或定期（7～10天）换入新水，每次换水1/4～1/3，新水与旧池水温差不得大于2℃，而且要缓慢注入。

③增加放养密度,比越冬前增加 0.5～1 倍。密度不可过大,否则耗氧量增加,易造成缺氧。

④保持一定水温,如搭建温室、塑料大棚,注入温泉水等。但温度不可有大的波动,保持水温在 10～15℃,以免造成蝌蚪伤亡。

⑤适当投料,使蝌蚪吃到 7～8 成饱为好,保证其正常活动所需营养。饲料要易消化,营养要全面,能量要高一些,以增强蝌蚪的抗寒能力。为了避免入冬前受精卵孵化出蝌蚪以及蝌蚪变态为幼蟾的情况出现,也可以采取人工控制蟾蜍的繁殖,从而有利于管理以及蟾蜍的安全越冬。

二、变态期的饲养管理

当蝌蚪生长到四肢长出,尾缩短,体积缩小,体色变浅,刚变态的小蟾蜍不仅外形有很大变化,由鱼形变为蟾蜍形,而且内部构造也发生很大变化,由鳃呼吸变为肺呼吸,由水生生活变为陆地生活。如果不能及时转为陆地生活,较长时间生活在水中,刚变态的小蟾蜍就会溺水而死亡。所以应该想尽办法使变态的小蛙及时上岸。除了变态池池壁坡度要大些外,还可调节变态池的水位,使池水与池边地面相接近,或者将树条一边放到池中,一边搭在池边,搭引桥,变态的小蟾蜍通过引桥爬到池边陆地上。另外,在变态前捞取尚未变态的蝌蚪,集中运送到养蛙圈亦可。

小蛙登陆上岸和栖息的地方要有杂草,还要经常喷水,使地面保持潮湿。刚变态的小蟾蜍体质很弱,皮肤薄嫩,很怕日晒与干燥。如果不采取相应措施,刚变态的小蛙死亡率很高。

三、幼蟾蜍的饲养管理

幼蟾蜍的饲养管理是指完全变态后幼蟾的当年培育过程。幼体蟾蜍行水陆两栖生活,大约需要 16 个月的时间才能发育为成熟蟾蜍。因此,为了获得体质健壮、发育良好的成体蟾蜍,幼体时期的饲养管理也是非常重要的。

1. 放养前的准备工作

(1)幼蟾池的清理与消毒:将幼蟾池内及周围的杂物、敌害等清理干净,然后进行消毒。幼蟾池多为土池或池塘改造而成,据实际情况可带水消毒,也可放干水消毒,待毒性消失后,注入 20～40 厘米经日晒曝气后的水,最好是缓流水,以增加水体溶氧量,保持水质清新。根据季节不同,还要采取防寒、防风、防雨以及防日晒等措施。如夏季日晒强烈时搭建遮阳篷,春秋昼夜温差变化大时搭建保温室或塑料棚进行保温防寒。另外,要设好防逃、防串池的隔离墙或防护网。

(2)水生物的种养:在放养幼蟾前,池内要种养水草,以供幼蟾水中栖息,也要培养一些浮游生物,如藻、水蚤等。如有专门的浮游生物培养池,在放养幼蟾前,可将有浮游生物的池水泼洒入幼蟾池或捞取浮游生物放入幼蟾池。

(3)饲料的准备:幼蟾主要摄食活饵料,而且幼蟾生长快,食量增加明显,这就要求在幼蟾放养前培养大量的活饵料,如蝇蛆、蚯蚓以及浮游生物等。除此之外,还要准备好配合料原料,如鱼粉、蚯蚓粉、豆粕、豆饼、玉米、麸皮、维生素、生长素等以及相应的饲料加工设备,以备活饵料不足时加工利用配合料。

(4)陆地活动场所的整治:陆地活动场所要围绕在养殖池的周围,上面要种上树木、农作物或蔬菜,并随时喷水,保持湿润的环境。夏季在活动场所的部分地面上(约占活动场所的1/3)搭建遮阳篷,也可建造一些带有孔洞的假石山,以利于蟾蜍栖息。另外,在活动场所上要设置诱虫灯,以引诱昆虫供幼蟾捕食,也可堆肥育虫,减少饲料投入。

2. 放养

刚变态的幼蟾蜍,大部分时间仍在水中或水周围活动并摄食,所以其放养的密度是以水面积为单位计算。

(1)刚变态的幼蟾蜍每平方米水面放养 100～150 只。

(2)30 日龄左右的幼蟾蜍每平方米放养 80～100 只。

(3)50 日龄左右的幼蟾蜍每平方米放养 60～80 只。

(4)50 日龄以上的幼蟾蜍每平方米放养 30～40 只。

密度过大易造成争食和相互间的残伤;密度过小则场地利用率低。放养时要注意幼蟾的日龄,尽量将日龄、大小、强弱相同的幼蟾放在一起饲养,这样利于群体发育和管理。放养时,要将幼蟾放在池边,让其自行爬入水中,不能倾倒,以免造成伤亡。

3. 食性驯化

幼蟾蜍开始摄食时,以活饵料如蝇蛆、黄粉虫幼虫、小鱼苗、小虾类等为主。昆虫是幼蟾蜍的理想饵料,可通过培育或诱捕方法获得。幼蟾蜍长到 15～20 克重时,可摄食小杂鱼、虾等活动物。以后,也可摄食泥鳅等。经过食性驯化的幼蟾蜍,也可摄食静态饵料如动物内脏、肉及人工配合饵料。

(1)驯食方法

①活饵诱食驯食法:先将小活杂鱼(体长 2 厘米以内)放入饵料台,饵料台底的窗纱浸入水中大约 2 厘米,使小杂鱼不会死去,

又不能自由游动,只能横卧蹦跳。投喂小活杂鱼1～2天后,可将鸡鸭鱼等的肉、内脏切成条状(大小以蟾蜍能吞食为度),混在活饵中投喂。活饵每天减少1/10,死饵增加1/(10.5～7)天后,加入配合颗粒料,每次加料量为死饵的1/5。也可用蝇蛆、黄粉虫幼虫、蚯蚓作为引诱的活饵,但饵料台底最好紧贴水面而不进水。为增强引诱效果,可手握一根钓竿,钓线下端绑上动物肉或内脏,每天定时在饵料台附近水面上15厘米处上下左右移动,以引诱幼蟾蜍争食。

②机械驯食法:如无活饵,可在饵料台上方安装一条水管,让水一滴一滴地滴在饵料台上。水的振动使台中死饵随之振动,幼蟾蜍误认为是活饵而群起抢食。形成习惯后,不滴水幼蟾蜍也会进入饵料台采食。

③颗粒饵料直接投喂法:将颗粒饵料慢慢扔到饵料台的塑料纱底(不进水)上,颗粒饵料落下弹起,可引诱幼蟾蜍摄食。或将膨化颗粒饵料撒在浅水处,由于蟾蜍的跳动等造成水面波动,浮于水面的颗粒饵料也随之波动,可引诱幼蟾蜍摄食。开始时也应搀杂有活蝇蛆、小鱼、死蝇蛆等,逐渐代以全部颗粒料。

④投喂蚕蛹干法:将蚕蛹干放在温水中泡软。在幼蟾蜍池边架设一块斜放的木板,伸入池中,往木板上端投放蚕蛹,使蚕蛹沿木板缓缓滑入池水中,引诱幼蟾蜍捕食。

(2)注意事项:幼蟾蜍的食性驯化较为困难,所以在驯食时应注意以下几个问题。

①幼蟾放养后,要有一个对新环境的适应期,适应期内要投以活饵料,待适应新环境后开始驯食,防止应激反应,引起幼蟾机体不适,造成不食、饥饿或抵抗力降低而发病或死亡。

②选择气候温暖而稳定、幼蟾健壮、摄食活跃的时期进行驯食。

③适当增加养殖密度,增强竞食性。

④驯食要循序渐进,少量多次,不可操之过急,以防引起幼蟾不食、饥饿或消化不良。

⑤保证水质清新,及时清除剩余料和杂物,如不是缓流水,要定期消毒或换水。

⑥定时、定位、定质、定量饲喂。一般每天饲喂 2 次,间隔 8～10 小时。投喂量为幼蟾体重的 5%～10%,配合料要少一些,可投喂体重的 5%～7%,而活饵料可投喂体重的 7%～10%,同时观察料的剩余量,一般 2 小时采食完毕,据剩余多少,减少或增加投喂料量。总之,要在保证不过分影响幼蟾发育的条件下进行驯食。

4. 管理

幼蟾蜍的饲养管理是获得健壮或发育良好成蟾蜍的基础,对以后的繁殖、蟾酥的生成有重要意义。

(1)日投饵量:日投饵量为蟾蜍体重的 10% 左右,不超过15%。投饵量应根据具体情况酌情掌握,以每次投入的饵料吃完为宜。刚变态的幼蟾蜍宜多投喂活饵,然后逐渐减少活饵的投喂而相应增加死饵的投喂。1 月龄幼蟾蜍,活饵与死饵的投喂比例为 2∶1;1.5 月龄,活饵与死饵各一半;2 月龄,活饵与死饵之比为1∶2;2.5 月龄后可全部投喂死饵。当然,如有条件最好投喂活饵。

(2)投饵时间:每日投饵 1～2 次。投饵 1 次宜在下午 4 时,投饵 2 次则于上午 9 时、下午 4 时各 1 次。

(3)投饵位置:饵料必须投喂在固定位置的饵料台内。饵料台的安装数目应根据蟾蜍数量而定,一般每个饵料台可供 50～100 只蟾蜍摄食。饵料台可用木板钉成长 120 厘米、宽 80 厘米、高 8 厘米左右的框架,其底部用 40 目/平方厘米的塑料网纱钉紧,底部浸入水中 2～5 厘米。饵料台也可以固定在蟾蜍池的岸边或陆岛,供投喂怕水的动物性活饵料。

（4）饲养密度:初放养时,幼蟾密度一般为每平方米水面 100～150 只,随着幼蟾的生长,可随时降低饲养密度,8～10 月龄时,降低至每平方米水面饲养 10～30 只。也可根据实际情况来决定饲养密度,当幼蟾少,场地大时,密度可小些;幼蟾多,场地小时,密度可大些。但也不可过密,以免争食相残。另外,饲养密度大时,投料要充足。

（5）分级分群:在饲养过程中要依个体大小、强弱定期分群,防止大伤小,强残弱。将大的、壮的放在一起,弱的、小的放在一起,这样利于弱小的蟾蜍摄食和生长发育。

（6）水质:驯食过程中,由于投喂死饵料,幼蟾不喜食,所以开始时投喂死料量不宜过多,并要及时清理剩余料,防止水质变坏。此时最好是缓流水饲养,如不能造成缓流水,要注意水池的定期消毒,消毒剂要严格按说明使用。另外,尽量每 1～2 天换水 1 次,每次换掉池水的 1/5～1/3,所换水最好是日晒曝气水,新旧水温差不能大于 2℃。

（7）巡查:经常观察池周围状况,如有无污染源、有无敌害等,保证养殖区安静。夏秋季节保证诱虫灯正常发光诱虫,如进行堆肥育虫,注意堆肥时间,防止腐败释放毒物造成污染。另外,注意池内或活动场所有无病、弱或死蟾蜍,发现死蟾蜍要及时清理,调查死亡原因,对病蟾蜍则要及时治疗,并做好养殖记录。

（8）越冬:幼蟾蜍越冬管理是幼蟾蜍饲养的关键,越冬成活率的高低直接关系到饲养蟾蜍的产量和效益。所以,入冬前一定要设置好越冬场所,保证幼蟾蜍安全越冬。一般气温下降到 10℃ 以下时,蟾蜍便要进行冬眠,不吃也不活动。

越冬方式通常有两种,一是水下越冬,二是洞穴越冬。

①水下越冬:以缓流水为好,保持水深 80～100 厘米,防止结冰,水底加厚淤泥（为 30～50 厘米）,水池上方可盖塑料大棚或稻

草棚，以确保蟾蜍安全越冬。

②洞穴越冬：可在陆地活动场所挖地窖，窖底铺湿沙土和稻草的混合物，定期检查湿度，晴天时打开窖顶增氧、加湿，阴天及平时都要盖住窖顶，窖顶用长木或钢筋搭梁，用稻草帘铺盖，既通气，又防寒。也可用石块、砖块堆砌无数洞穴或避风向阳处挖若干深80～100厘米、直径10～20厘米的洞穴，待蟾蜍入洞后，外面挡上稻草帘，既防寒挡风，又能通气，但要防止水进入洞穴，以免冻死蟾蜍。还可在蟾池附近的背风向阳处松土30～50厘米深或在地面铺垫同样厚度的土，上面铺以厚的稻草帘、玉米秸或麦秸保温，让蟾蜍钻入越冬。变冬眠为冬养是使幼蟾良好越冬，提高越冬成活率并保证其正常发育的好方法。冬养要求有相应条件保证水温及活动场所的温度，只有食性驯化良好的幼蟾才能冬养。冬养水温及环境温度保证在15℃左右，可采用塑料大棚、温室、暖气增加活动场地温度，用温泉水、工厂余热水、水下设置暖气管道增加水温。要注意塑料大棚和温室的通风换气，在晴天可掀开部分薄膜加强换气，保证一定氧气含量。

另外，饲料营养要全面、易消化，投料量要充足，以保证幼蟾蜍的正常摄食和正常发育。无论冬眠还是冬养，都要随时了解蟾蜍及周围状况，防止水淹、受冻及敌害侵袭，发现异常，及时处理。

四、成蟾蜍的饲养管理

越冬后的幼蟾蜍，可放养到成蟾蜍养殖池进行饲养，经过一段时间的生长发育，即可达到体成熟和性成熟，作为种用或刮浆用蟾蜍。也可在水库、池塘、河流等设置网箱养殖。网箱放养蟾蜍，饲养和管理的基本要求与池养相同。

（一）放养前的准备工作

成蟾蜍个体大，采食量大，尤其刮浆蟾蜍，更要有良好的环境、充足且营养全面的饲料，以保证成蟾的体质良好和浆液的生产。

1. 场地的整理与蟾池的消毒

成蟾以陆地活动为主，放养前首先清除陆地活动场所的杂物、有害动物等，并种植农作物或蔬菜，搭建遮阳篷，安装诱虫灯，培肥育虫，设置一些多孔洞的砖屑石堆以供蟾蜍栖息，还要安装喷灌设施，检查防护网或隔离墙的完整性，为蟾蜍创造一个安静的、草木丛生和潮湿的陆地环境。在整理陆地场所的同时，还要对蟾池进行整理与消毒。首先消除池中杂物，可带水消毒，亦可放干池水进行消毒，视具体情况而定。消毒处理后，待毒性消失，即可注入日晒曝气水，水深 30～50 厘米，最好是缓流水。池中种养水生植物，根据天气情况，可在池的上方安装防晒或保温设施。

2. 饲料

成蟾要进行刮浆，所以要保证饲料营养全面、数量充足。养殖量少，活饵料丰富时，以投活饵为主，如果养殖量大，在幼蟾时期就要进行食性驯化，以投配合料为主，便于饲养管理，此时应准备好饲料加工设备以及足够的饼粕类、鱼粉、蚯蚓粉、维生素、矿物添加剂等以制备膨化颗粒饲料。同时也可准备一些屠宰副产品和干储鱼干等。

（二）放　养

成蟾的养殖一般是在蟾体成熟前即放养在成蟾池及活动场

所。可在蟾蜍食性驯化完 1 个月后放养,也可在幼蟾蜍 3～4 月
龄时放养。放养较小的蟾蜍时,每平方米池面可放养 30～50 只,
接近成蟾时,每平方米池面放养 10～30 只,要根据饲养数量和场
地大小决定放养密度,防止密度过大影响摄食,进而影响蟾蜍发
育,密度也不宜过小,否则既浪费场地,又造成蟾蜍的竞食性差,
对蟾蜍的发育亦不利。

　　另外,还要把大小不同的蟾蜍分开饲养,尤其在放养密度大、
场地小时,由于竞食,强壮欺弱小而造成残伤。放养前还要对蟾
体消毒,可用市售消毒剂进行浸体消毒,也可用 2‰食盐水浸浴消
毒,防止蟾蜍携带病毒、病菌、寄生虫等进入新的场地,造成疾病
传播。

(三)饲养管理

1. 保证饲料充足、营养全面

　　(1)投饵要求:投饵要营养全面,数量充足。尤其是刮浆蟾
蜍,刮浆前后,供给动物性饲料及蛋白质饲料要充足,保证刮浆后
体质恢复快和产生新浆液。活饵料丰富时,以投活饵为主。如养
殖量大,在幼蟾蜍时期就进行食性驯化,以投喂配合料为主。防
止饲料霉败和饲喂霉败饲料,各种添加剂的使用不可过量,防止
中毒。保持饲喂相同形态的饲料,饲料长度为蟾体长的 1/4～1/3。

　　(2)日投饵量:绝对投饵量较幼蟾蜍大得多。日投饵量为蟾
蜍体重的 10%～15%,日饲喂配合料为体重的 7%～10%。投饵
量的确定原则与幼蟾蜍相同。饲喂料盘要经常刷洗消毒,料盘数
目以所有蟾蜍均能同时吃到料为准,料盘面积为整个池面的
50%～60%,放料盘的位置不可经常更换,以免影响蟾蜍的摄食
习惯和摄食量。

（3）投饵时间：每天饲喂 2 次，时间为上午 8～9 点和下午 5～6 点。

（4）投饵方法与幼蟾蜍相同。

2. 注意保持水质清新

及时清除料盘残料，防止霉败影响水质，如果不是缓流活水，要经常换水，2～3 天换 1 次，每次换掉池水的 1/10～1/5，换入的最好是日晒曝气水，温差不大于 2℃。夏季池内要种养水草或搭遮阳篷降温，定期泼撒消毒药（5～7 天 1 次），消毒药要严格按说明使用，多种消毒药交替使用，可增强抗病毒和杀菌效果。

3. 控制水温

气候变化频繁的季节，要搭建大棚防风、防寒，炎热季节，每天中午要喷水，保证陆地活动场所有一定的湿度。夜间要打开诱虫灯供蟾蜍捕虫，也可堆肥育虫，以增加蟾蜍的摄食量，保证其有良好的生成蟾酥的能力。

4. 加强巡视

注意观察蟾蜍的活动情况和健康状况，保持隔离墙的完整，防止串池、逃跑以及敌害的侵入，发现问题及时解决。还要注意创造一个安静的养殖环境，利于蟾蜍的栖息和摄食，保证蟾蜍正常发育和浆液的产生，以提供优质的商品或药用蟾蜍。

5. 做好成体蟾蜍的越冬管理

（1）秋季强化饲养：由于蟾蜍属变温动物，每年深秋到初春为冬眠期，如秋季食物缺乏，营养没跟上，往往导致开春后蟾蜍因体力不支而死亡。蟾蜍喜食活的小动物，而对静止的东西视而不见。因此，应在每年 10 月份，用豆渣和猪、羊血各半混合后放入器皿中，让其自然发酵，引来飞蝇产卵，5～6 天后蛆虫大量孵出并爬出器皿外，任蟾蜍自行摄食。同时，可于晚上在养殖场上空开亮几盏灯引诱昆虫集聚，由蟾蜍取食，补充饵料，使其冬前健壮。

（2）越冬保护：每年 11 月份前后，水温 10～12℃，蟾蜍即进入冬眠期，不吃不喝，行动缓慢。此时原本在旱地上活动的蟾蜍，要下水过冬了。水下越冬措施主要是有以下几种。

①室外越冬：越冬前在饲养场中间或周边地带开挖几条水沟，水沟总面积占场地面积的 10%～20%，沟内蓄水 30～100 厘米深，北方宜深些。每平方米水面积放养 10～30 只蟾蜍。严冬季节如发现结冰，早上应把冰面打破，以利氧气溶入水中，不因冰封而导致水下蟾蜍窒息死亡。

②室内越冬：可用缸、盆、桶加水 20 厘米深，然后放入蟾蜍。室内越冬要防止室温过高，导致蟾蜍冬眠不足，以保持水温在 1～8℃为宜。

③如有条件，也可用塑膜大棚越冬：越冬时保持棚内气温在 1～10℃即可。但应防止晴好天气时，中午棚内温度过高，要注意及时通风换气。

不管室外或室内及大棚越冬，要防止养殖池漏水，管理中要定时检查，发现漏水的要及时补水；如不漏水，且水不变质的，整个冬天不必换水。

越冬蟾蜍入水前，应对池水及蟾蜍用万分之一漂白粉溶液喷洒消毒 1 次，以防病菌侵入。越冬时还要防止水老鼠、水獭等敌害生物偷吃蟾蜍。春天来临，日平均气温上升到 10℃以上时，蟾蜍即自行交配产卵于水中。此时，应用网把卵粒捞出来，放入孵化池中孵化。同时越冬蟾蜍也陆续爬上岸寻食，越冬结束。

第五章　蟾蜍饵料

　　蟾蜍在其生长、发育和繁殖中都需要大量的营养物质,而这些营养物质来源于它所摄取的食物。在自然环境中生长的蟾蜍,主要摄食昆虫(蛾类、蝇类等)、蚯蚓、蜗牛、白蚁,以及水中的浮游生物等活饵。作为人工养殖,尤其是大规模养殖,活饵料远远不能满足养殖的需要,因此,为保证人工饲养条件下的蟾蜍的健康生长,根据其不同发育阶段的需求特点,需将各类饲料进行合理的搭配和加工,来满足其对各种营养物质的需要,以保证蟾蜍的正常生长、发育和繁殖。因此,对营养物质的种类、各种营养物质的作用、饲料的种类,以及饲料的利用和生产的了解,就有着特别重要的意义。

一、营养需求

　　无论动物性饲料,还是植物性饲料,都含有蛋白质、脂肪、碳水化合物、维生素和矿物质等营养物质,而每一种营养成分都是生物体代谢所必需的物质。

1. 蛋白质

　　蛋白质是一切生物体的重要组成部分,是生命活动的重要物质基础,它直接关系到蟾蜍的生长、发育、繁殖及生产能力,因此,蛋白质在蟾蜍及蛙类的物质代谢中有着特别重要的营养作用。

(1)蛋白质的营养作用:蛋白质是机体内含量最多的成分,机体的肌肉、神经、内脏、骨骼、皮肤、血液、酶、激素等均以蛋白质为基本组成成分,可以说,没有蛋白质就没有生命。机体内的蛋白质,在代谢过程中可以产生能量。更重要的是,机体要代谢更新,生成产品,所以,每天要摄取一定量的蛋白质才能满足机体正常代谢和生产的需要。

(2)蟾蜍对蛋白质的需要:蟾蜍对饲料中蛋白质的需要高于一般畜禽,其需要量随年龄、身体大小、生长发育阶段、饲养方式、环境因素的变化而变化。一般说来,蝌蚪对蛋白质的需要量低于幼蟾蜍和成蟾蜍,幼蟾蜍对蛋白质的需要量又因其生长速度快而高于成蛙,而种蟾蜍又因繁殖中消耗了大量蛋白质,因而对蛋白质的需要量又高于商品蟾蜍。另外,产品收获前后、休眠期前后、疾病恢复期,蛋白质的供给量都应增加。刮浆蟾蜍的蛋白质必须经常补给充足,尤其活饵料的提供非常重要,以保证机体的正常代谢和良好的生产能力。

2. 碳水化合物

碳水化合物主要指的是糖类物质,是蟾蜍及蛙类能量需要的主要来源。动物饲养所需的碳水化合物分为两大部分,一部分是易消化的淀粉,另一部分是较难消化的粗纤维。蝌蚪肠道中含有纤维素酶,它可将纤维素分解成单糖加以利用,所以蝌蚪的食物除活饵料外,动植物碎屑、牛粪、麦麸、嫩草等都可食用。而幼蟾蜍和成蟾蜍的肠道中则缺少纤维素酶,难于消化纤维素。因此,蝌蚪饲料中粗纤维含量可高于幼、成蟾蜍饲料中粗纤维含量。碳水化合物的主要功能是形成单糖,主要是葡萄糖,经过氧化产生机体所需的能量,也可以糖原的形式储存起来备用。另外,糖类也是有机体的组成成分,如核糖是细胞中核酸的组成成分,黏多糖是结缔组织基质的成分,糖蛋白是细胞膜的成分,球蛋白、激素等物质也含有糖,因此,糖在机体内有着重要的作用。饲料中碳水化合物不足时,会使蛋白质转化为能量,造成蛋白质利用率下降;或动用体内贮存的脂肪,引起体重下降,影响蟾蜍和蛙的体质。另外,还会降低饲料的适口性。当饲料中碳水化合物过多时,会在体内转变成脂肪而沉积,影响不同日龄蟾蜍的生长发育和产品的质量。所以碳水化合物的供给量,要依不同发育时期确定。

3. 脂肪

脂肪是机体必不可少的结构成分,也是重要的供能和储能物质。脂肪分布于机体各器官组织,其中以脂肪组织含量最高。当饲料或其他食物中能量不足时,机体可利用脂肪进行生物氧化供能,而且脂肪贮存时不需要水,所以体积相对较小,而氧化时产生的能量较同一重量的碳水化合物或蛋白质氧化所释放的能量要高 2.25 倍,所以,脂肪是有效的供能和贮能物质。脂肪还具有保护功能,如减少机械性冲撞对内脏的挤压损伤等。由于脂肪隔热性强,还具有保温功能。另外,脂肪对蟾蜍内脂溶性维生素 A、维生素 D、维生素 E、维生素 K 及胡萝卜素的吸收起着重要的作用,如果饲料中脂肪含量低,这些维生素的吸收将明显降低,从而影响机体的正常代谢。所以脂肪在机体的正常生命活动中是必不可少的营养物质。但是,机体和饲料中脂肪也不宜过多,机体含脂肪过多会影响生殖能力,而饲料中含脂肪过多会引起消化不良、食欲缺乏等,因此,饲料中脂肪物质的含量要适当。一般饲料中不必专门添加脂类物质,因为饲料中的碳水化合物和部分蛋白质可以转化生成脂肪,所以饲料中有充足的碳水化合物等物质,机体一般不会缺乏脂肪。

4. 矿物质

矿物质多以无机盐的形式存在于体内,是维持正常生命活动不可缺少的物质。如钙、磷、镁、钠、钾是体内主要的无机盐,它们除是构成骨骼的重要成分外,还是体内重要的电解质,对维持细胞的渗透压、酸碱平衡具有重要作用。另外有一些矿物质在机体内的含量很低,约占 0.01%,称为微量元素,如铁、铜、锰、镁、锶、钼等,这些微量元素多数是酶的组成成分,与酶的活性有关,起着对代谢的调节作用。可以看出,矿物质是构成机体的重要成分,也是维持机体正常生理活动不可缺少的物质,饲料中如果缺少矿物质就不能保证蟾蜍及蛙类正常的生长和繁殖,严重者会导致死亡。

5. 维生素

维生素是机体代谢不可缺少的维持机体正常生理功能所必需的一类低分子有机物。其种类多,化学结构各异,生物学功能亦不相同。但机体内不能合成或合成很少,不能满足机体代谢需要,必须由食物中供给。维生素在体内多数是作为酶的辅基或辅酶,维持酶的正常活性。维生素在体内含量很小,但不可缺少,不足时会引起相应的缺乏症,称为维生素缺乏症。维生素缺乏症的形成,主要是因为饲料品种单一、添加量过少、饲料存储时间过长,使维生素分解而失去相应的功能等原因造成的。但维生素的摄入量也不可过多,否则会引起中毒现象,称为维生素过多症。正常饲养条件下,一般不会引起中毒,因为其中毒量一般是正常用量的几千至几万倍。中毒一般发生在生产和临床上,使用维生素制剂(主要是脂溶性的维生素 A 和维生素 D)的量过多时,才会引起中毒。目前已经发现的维生素共有 30 多种,其性能作用各不相同。根据维生素溶解性,可将其分为两大类:脂溶性维生素和水溶性维生素。脂溶性维生素主要有维生素 A、维生素 D、维生素 E、维生素 K。水溶性维生素主要有维生素 B_1、维生素 B_2、尼克酸、泛酸(维生素 B_3)、维生素 B_{12}、叶酸、生物素,另外维生素 C 和 α-硫辛酸也属于水溶性维生素。维生素在体内具有重要的生理作用,饲料中缺乏任何一种维生素都会导致缺乏症,造成机体代谢紊乱,生长受阻,抗病力下降,严重时可导致死亡。常见的主要是维生素 A、维生素 D、维生素 B_1、维生素 B_2、维生素 E 等缺乏症,一般在饲料中添加适量或定期加喂鱼肝油、复合维生素 B,基本能满足蟾蜍及蛙类对维生素的需要。

二、蟾蜍的食性

(一)蟾蜍的食性

1. 食物种类

成蟾蜍以吞食动物为主,动物的种类包括环节动物、节肢动物、软体动物、两栖类、爬行类等。其中以节肢动物中的昆虫居多。蟾蜍还吃少量植物,大多数是叶子的残片、花和种子。

蝌蚪阶段以植物性食物为主。如藻类中的绿藻、蓝藻、硅藻等。随着个体长大也吃草履虫、水蚤、轮虫等动物。人工饲养时,对刚孵化后 3～4 天的蝌蚪可供给肥水中的藻类,5～6 天后可投喂豆浆、豆饼粉、麦麸、切碎的动物内脏,7 天后喂动植物原料配制的混合饲料(配比为 4:6)。

2. 摄食量

蟾蜍贪食,食量大,耐饥饿的能力强,蛙饱食后,其胃的体积比饥饿时可大 10 倍以上。其摄食量随季节而变,7~9 月份水温21~30℃时摄食量最多,气候变冷,水温变低则食量下降。饱食后的蛙可忍受好几个月饥饿而不至于死亡。

3. 摄食时间

多在夜间进行。

4. 摄食地点及方式

自然状态下,蟾蜍多隐伏不动,当食物接近时突然袭击,以翻卷伸出的长舌捕获、吞食。人工养殖的蟾蜍,经驯化可到固定的饲台摄食人工饲料。

(二)蟾蜍饵料的解决途径

1. 蝌蚪期

(1)通过培肥水体来增加水中有机物、藻类植物和轮虫等食物。

(2)收集天然饵料。

(3)培育适于蟾蜍蝌蚪期摄食的饵料,如水虱、水蚯蚓、孑孓、草履虫等。

(4)投喂人工饵料。

2. 幼蟾蜍和成蟾蜍期

(1)捕捞和采集动物性活饵:适于蟾蜍捕食的如小鱼、小虾、泥鳅、田螺、螺蛳、蝶螈、蚯蚓、昆虫类和蜗牛等,也可以组织人力捕捞或采集。

(2)诱集昆虫

①利用昆虫的趋光性,晚上在蟾蜍池内蟾蜍的休息地附近用黑光灯诱集昆虫,供蟾蜍捕食。

②利用昆虫对鱼腥味、糖类和酒味等特殊气味的趋向性,在饵料台等处安置内盛糖、酒和水混合液的小盆(盆口盖网罩,以防昆虫淹死在盆里)诱集昆虫。

③在养殖池的四周多栽植一些植物,除了给蟾蜍提供更多的荫蔽活动场所外,还可诱集昆虫供蟾蜍捕食。

(3)人工配合饵料:根据蟾蜍的食性,选择适合的原料,加工制成粉状或颗粒状饵料投喂。

(4)人工养殖:采用人工养殖蟾蜍喜捕食的动物性活饵,如黄粉虫、蚯蚓、蝇蛆等。

三、天然饵料的采集

(一)灯光诱蛾

飞蛾类是蛙类的高级活饵。波长为 0.33～0.4 微米的紫外光对蛾虫而言,具有较强的趋向性。而黑光灯所发出的紫光和紫外光,一般波长为 0.36 微米,正是蛾虫最喜欢的光线波长。可利用这一特点,用黑光灯大量诱集蛾虫。根据试验和实践表明,在养殖池中装配黑光灯,利用所发出的紫光和紫外光引诱飞蛾、昆虫,可以为蛙类增加一定数量廉价优质的鲜活动物性饵料,加快并促进它们的生长。另一方面,诱杀了附近农田的害虫,有助于农业丰收。

1. 黑光灯的装配

(1)灯管的选择:试验表明,效果最好的是 20 瓦和 40 瓦的黑光灯,其次是 40 瓦和 30 瓦的紫外灯,最差的是 40 瓦的日光灯和普通电灯。因此,应选择 20 瓦的黑光灯管。

(2)灯管的安装:选购 20 瓦的黑光灯管,装配上 20 瓦普通日光灯镇流器,灯架为木质或金属三角形结构。在镇流器托板下面、黑光灯管的两侧,再装配宽为 20 厘米、长与灯管相同的普通玻璃 2～3片,玻璃片间夹角为 30°～40°。蛾虫扑向黑光灯碰撞在玻璃上,触昏后掉落水中,有利于蛙类摄食。接好电源(220 伏)开关,开灯后可以看到各种食肉性鱼类,都在争食落入水中的飞虫。

(3)固定拉线:在池塘一端离水面 5 米处的围堤内侧或外侧分别埋栽高 1.5～2 米的木桩或水泥柱,极或柱的左右分别挂两根铁丝,间隔 50～60 厘米,下面一根离水面 20～25 厘米,拉紧固定后,用来挂灯管。

(4)挂灯管:在两根铁丝的中心部位,固定安装好黑光灯,并使灯管直立仰空 12°～15°角,以增加光照面,1～3 亩的池塘一般要挂 1 组,4～10 亩的池塘可分别在池塘的两对角安装 2 组,即可解决部分饵料。

2. 诱虫时间与效果

(1)诱虫时间:黑光灯诱虫从每年的 5 月份到 10 月初,共 5 个月时间。诱虫期内,除大风、雨天外,每天诱虫高峰期在晚上 8～9时,此时诱虫量可占当夜诱虫总量的 85% 以上,午夜 12 时以后诱虫数量明显减少,为了节约用电,延长灯管使用期,午夜 12 时以后即可关灯。更大白昼时间较长,以傍晚开灯最佳。根据测试,如果开灯后第一个小时诱集的蛾虫数量定为100％的话,那么第二个小时内诱集的蛾虫数量则为38％,第三个小时内诱集的蛾虫数量则为17.3％。因此,每天适时开灯1~2个小时效果最佳。

(2)诱虫种类:据报道,黑光灯所诱集的飞蛾种类较多。蛾虫出现的时间有一定的差别,在7月份以前,多诱集到棉铃虫、地老虎、玉米螟、金龟子等,每组灯管每夜可诱集1.5~2千克,相当于4~6千克的精饲料。7月份气温渐高,多诱集金龟子、蚊、蝇、蛀蚋、蝗、蛾、蝉等,每夜可诱集3~4千克,相当于10~13千克的精料。从8月份开始,多诱集蟋蟀、蝼蛄、蚊、蝇、蛾等,每夜可诱集4~5千克,相当于15~20千克的精料。

(3)诱虫效果:据观察,一盏100瓦的黑光灯在一夜可以诱杀蛾虫数万只。这些虫子掉进池塘里,可直接为鱼提供大量蛋白质丰富的动物性鲜活饵料,不仅减少人工投饵,而且鱼在争食昆虫时,游动急速,跳动频繁,可促进鱼类的新陈代谢,增强鱼类体质和抗逆性,减少疾病的发生,对鱼的生长发育有良好的促进作用,同时还有利于保护周围的农作物和森林资源。一盏40瓦的黑光灯,开关及时,管理使用得当,每天开灯3小时,一个月耗电量为1.8度,全年耗电量为7度左右,在整个养殖期间则可诱集各种蛾虫300千克以上,可增产鱼150千克左右。

3. 注意事项

(1)不宜吊挂灯管:黑光灯管不宜吊挂,否则会减少光照面而影响诱虫效果,比较合理的安装方法是在池塘离岸边5米处,使灯管直立仰空12°~15°夹角以增大紫光、紫外光的照射面,从而提高诱虫量。

(2)最好选用黑光灯诱蛾:实验证明,用白炽灯的诱集效果远不及黑光灯,原因有两个方面:一是白炽灯光线过强,部分蛾虫因受到强烈的灼热感,避而远之;二是白炽灯光的穿透能力差,不能吸收远处的蛾虫。而利用黑光灯诱虫,可以避免上述缺陷。

(3)最好安装双层黑光灯:这样更有利于吸引远处的蛾虫并容易使它们落入水中。如果用单层灯,灯管挂低了,远处蛾虫难以见到紫外灯光,因而不易被紫外光吸引过来;而挂高了,虽能吸引远处的蛾虫,但蛾虫不易落入水中,达不到捕蛾为饵的目的。

(4)改通宵开灯为傍晚定时开灯:因为蟾蜍在摄食落入水中的虫蛾时要消耗大量的体能,而在吃不饱之前是不会停止抢食行为的;另一方面在傍晚的第一个小时内(即 8～9 时)所诱集的蛾虫数量最多,时间向后推移则诱虫量明显减少。如果连续通宵开灯,不但浪费了大量的财力、物力,而且蟾蜍连续抢食会消耗大量的体力,因此要放弃通宵开灯的做法,改为每天傍晚 8～9 时定时开灯。

(5)防止漏电、触电:在黑光灯上应加一层防雨罩(也可用白铁皮或废旧铝锅盖特制),以防雨天漏电伤人。

(6)注意"四不开":即大风之夜虫蛾数量少可不开灯;圆月之夜黑光灯散出的紫外光和紫光的光点光线比较微弱,可以不开灯;午夜 10 时以后蛾虫诱集的数量逐渐减少,而且蛾虫大都也停止活动,可以不开灯;雨夜,蛾虫的羽翼易受雨淋,很少活动,雨水又易引起灯管爆炸或电线接头短路,故此时也不宜开灯。

(二)人工捕捞

1. 天然鱼虫

鱼虫是指污水坑塘及河流中孳生的各种浮游生物,是枝角类和桡足类的笼统俗称,名目繁多,叫法不一,是蝌蚪的良好饵料。

(1)天然鱼虫的生活习性:鱼虫大量生长于城市郊区、村镇和集市附近的肥水坑塘、河沟中。春季到来时,当水温上升到 10℃以上,鱼虫开始繁殖增长;当水温上升到 18℃时,鱼虫大量繁殖,快速生长。从春到夏，特别是盛夏，环境条件好，鱼虫繁殖快。在某些河沟、坑塘，红虫旺发时形成庞大群体，清晨在水面可见密密麻麻红色一层。进入秋末逐渐减少。鱼虫数量的消长，与季节、气候、水温、光照及水中营养物质的含量等因素有密切关系。不同种类的鱼虫对这些条件有不同的要求，所以，在不同地区、不同季节里有不同种类的增长与消落。有经验的人都能正确掌握和运用这些自然规律，选择恰当的地点和时间进行捕捞，从而获取大量鱼虫。

鱼虫繁殖生长的季节性特别明显，生长也极快。一般情况下，在早春季节，气温尚低，水体中主要生长桡足类；到晚春季节，气温回升，枝角类开始大量繁殖；进入夏季以后，水温升高较快，轮虫和枝角类都快速繁殖，此时比较容易捕捞；到了秋季，秋雨连绵，气温逐渐降低，轮虫数量减少，产量下降；当冬季温度继续降低时，枝角类进一步减少，只能捞取少量桡足类。

鱼虫除了季节性的数量变动规律以外，还有昼夜升降的规律。从夜间到黎明前，它们从深水层向表水层移动，在鱼虫大量繁殖生长的水坑、河沟中，非常明显。到黎明时全部上浮到水面上层和表层。日出后1～2小时，它们又向水下层移动，回到深水层。如果鱼虫数量较少，这种规律就不明显。据分析，造成这种昼夜升降、日潜夜浮的主要原因是水体深层氧不足，鱼虫的庞大群体需要消耗大量的氧气，它们又挤在一起难以疏散，黎明时下层水体中的溶解氧降到最低值。因此，在6～8月份的鱼虫旺发季节，日出后数小时内鱼虫仍密集于水表层。只要正确掌握鱼虫这种回落上升、日出而潜的生活习性后，在黎明前后捕捞，就能捕获大量的鱼虫。

（2）天然鱼虫的捕捞方法：清晨，捕捞鱼虫时，通常用捞虫网于肥水河沟边、塘边水面下，来回拖捞，一般都能捕捞到。在捕捞时，捞虫网吃水不要太深，动作应轻快敏捷，如果动作过猛，容易使污物上浮和冲散鱼虫群体。同时还要观察水色、风向和水流方向,一般在下风和水流下游避风处鱼虫较多;而水质严重污染,水色浑浊呈酱色或黑色处,鱼虫出现较少。在深秋和冬季,由于鱼虫的数量减少,在许多江河内鱼虫极为少见,一般都形成休眠卵或潜入深水处越冬,这时捕捞鱼虫主要是到污水坑塘内捞取。但这时的鱼虫并不像夏季那样浮在水面上,所以须用长网兜深入到坑塘的中下层,呈圆圈形或螺旋形来回捞取。值得注意的是,最好不要到精养鱼池里去捕捞,因为人工密放的精养鱼塘往往含有大量的鱼类致病细菌,捞鱼虫回去饲喂时,就会将致病菌带入养殖水体内,造成传染病。

(3)天然鱼虫的清洗:对于捕捞的鱼虫最好不要久留在网袋里,数量也不宜太多,以防止底层鱼虫缺氧窒息死亡。无论是枝角类,还是桡足类,捞回去以后都要清洗干净后方可喂鱼,以免将天然水体内的敌害生物及致病细菌引入养殖水体并污染水体,危害蝌蚪。清洗的方法是:将捞回的鱼虫,立即倒入事先盛好清水的大鱼缸内,接着用大网布兜将鱼虫捞至另一盛有清水的鱼缸内,如此反复3~4次,待所有和鱼虫混杂在一起的污泥浊水已经清洗干净后,鱼虫的颜色也由刚捞回时的酱紫色变为鲜红色时,才可以用来喂蝌蚪。在操作过程中,将鱼虫从一鱼缸捞至另一鱼缸时,刚开始鱼虫密度过大,应用大网布兜子,以后鱼虫数量逐渐减少并清洁,可使用小网布兜子操作。过滤清洗鱼虫时,要注意把活鱼虫和死亡鱼虫分开,即在清洗时注意死、活鱼虫的分层现象,因为绝大部分活鱼虫都具有很强的浮游能力,它们浮游并群集在水的表层,而死鱼虫则沉积在缸底。

(4)天然鱼虫的保存:如果捞回来的鱼虫一时用不掉,可在盆内保养,每天换水1次,可以存活3~4天。鱼盆应放在阴凉通风处,避免阳光直射。

(5)天然鱼虫的投喂:蟾蜍喜欢吃新鲜饵料,特别是新鲜的活鱼虫更能促进其生长发育,投喂鱼虫时要注意以下几点。

①刚捞回的鱼虫一定要经过充分清洗后方可投喂,尽可能减轻外来病原菌对蟾蜍的侵袭。

②应及时投喂新鲜的鱼虫,死亡较久或已经变质的鱼虫不能投喂。

③投喂时,要按照定时、定量的原则投饵。定时:一般冬季水温低,饵料宜在中午前后投喂;夏季水温高,宜在早晨 6 时以前投喂;春秋两季是蝌蚪摄食旺季,可在上午 8～9 时投喂。投喂时间相对固定,否则会引起蝌蚪摄食条件反射的紊乱。定量:按每尾每天投喂与其头部大小相等的一团鱼虫为适度。投食量忽多忽少,易引起蝌蚪摄食及消化功能的紊乱,导致疾病,而且蝌蚪有贪食的习性,一旦投饵过多,可因贪食过多而胀死;另一方面,投放大量饵料于容器内,蝌蚪一天吃不完,势必造成残饵在水中腐烂变质,使水质变坏,pH 值降低,水中溶氧缺乏,从而造成观赏鱼死亡。

④每次投喂鱼虫时应观察蝌蚪的摄食情况,以了解蝌蚪健康状况及摄食总量,作为再次投喂鱼虫的参考,以 20～30 分钟将所投饵料基本吃完为宜。

2. 蛴螬

蛴螬又称地蚕、铜克郎,成虫叫金龟子。

(1)掘取法:蛴螬生长在地下,喜温湿,穴居。平时栖息于半干湿状态而富于腐殖质的松软土层中,随地温升降而不断变换深度。每年 4～9 月,蛴螬活动频繁,在小暑至白露期间大肆危害农作物。夏秋季节,蛴螬多活动在农作物幼根附近、土壤浅层的腐茬周围,靠啮食作物根茎以摄取营养。其主要危害作物为禾谷类作物生长前中期、甘薯、马铃薯、甜菜及花生等。掌握了蛴螬自然状态下的活动规律后,即可寻踪掘取,常常会获得较大的捕获量。

掘取时靠近作物根系进行,注意不要伤根,不要开掘太深,捕取以后,将土层还原,培填根区。另外,也可以在每年春秋的耕耙时节,随犁拾捡蛴螬。

(2)灯光诱捕成虫:成虫金龟子种类多,昼伏土中,傍晚飞出,晚8～9时危害作物及树木最盛。根据成虫的趋光性,在田间设置黑光灯诱捕,可诱集到大量金龟子,效果很好。

3. 鼠妇

鼠妇又称潮虫。生活于阴湿、安静处。

在鼠妇活动多的地方,挖坑设洗脸盆,使盆沿和地面埋平,盆内放少量炒熟的麸皮或面粉等作为诱饵,天黑前安放,到第二天早晨即可获得大量爬进盆内的鼠妇。

四、人工配合饲料

据来源不同,将饲料分为:动物性饲料、植物性饲料、矿物性饲料如特种饲料。动物性饲料和乳业、渔业、屠宰业的加工副产品,以及活饵饲料如蝇蛆、蚯蚓、昆虫等。植物性饲料如青饲料、块根、块茎、瓜类、玉米、麸皮、豆粕等。矿物性饲料如骨粉、贝壳粉、食盐、石粉等。特种饲料如饲料添加剂、饲料酵母等。

据营养特点,将饲料分为:能量饲料,如玉米、大麦、高粱等;蛋白饲料,如鱼粉、酵母蛋白质、肉粉、粕类、活饵料等;青绿饲料;维生素饲料;矿物饲料,如石粉、贝粉、骨粉。

据饲料特性,将饲料分为:精饲料,如粕类、玉米、糠麸类;粗饲料,如稻壳、干草等;青饲料,如玉米秸秆、青草等。

按饲料的加工与否将饲料分为:活饵料,如浮游生物、各种活动物(蚯蚓、黄粉虫、蝇蛆等);配合饲料。

(一)能量饲料

能量饲料是指那些含能量较高而粗纤维及蛋白质含量较低的饲料。目前常用的能量饲料主要是指玉米、大麦、小麦、谷类、高粱等。蟾蜍的饲料中,能量饲料低于畜禽类,一般占饲料总量的 30%～40%。

(二)蛋白质饲料

粗蛋白质含量占干物质 20% 以上的饲料为蛋白质饲料。其代谢能较高,基本具备能量饲料的特点。蛋白饲料包括动物性蛋白饲料和植物性蛋白饲料。

1. 动物性蛋白饲料

动物性蛋白饲料是来源于动物的饲料,饲料中蛋白质含量可达 45%～67%,鱼粉是主要的动物性蛋白饲料,氨基酸含量高,其各种氨基酸比例适合于动物需要,尤其是赖氨酸含量在所有饲料中最高。几乎没有粗纤维和糖分,灰分含量高,钙磷比例合适,维生素含量丰富,尤其是含较多的 B 族维生素。以上这些特点,均适合蟾蜍及蛙类养殖的需要。但是,鱼粉含粗脂肪量较高,保存不好会降低脂溶性维生素的含量和发生霉变。非正规鱼粉厂生产的鱼粉,其蛋白质含量低、杂质多、盐分高,使用时应注意。除鱼粉外,酵母蛋白、肉粉也是高蛋白饲料,蛋白质含量高达 50%～60%,蟾蜍及蛙类饲料中利用较多。蟾蜍及蛙类的养殖中,活饵料,如蚯蚓、蝇蛆、昆虫等,蛋白质含量高,适合于蟾蜍及蛙类的采食习性,是很好的廉价饲料来源。另外,屠宰场副产品等也可作为动物性蛋白饲料应用。

2. 植物性蛋白饲料

植物性蛋白饲料,主要指的是豆类加工的副产品,即饼粕类,蛋白质含量较动物性蛋白饲料低。粗蛋白含量在 20%～40%,消化能较高。如豆粕、豆饼、棉粕、棉饼、菜籽粕、菜籽饼等,配合料中多用豆粕、豆饼,减少鱼粉用量,降低饲料成本,但使用不应过多,否则会引起消化不良和造成饲料浪费,其用量一般在 30% 左右。

(三)青绿饲料

包括叶子作物秸秆、青草等,青绿饲料含水量高,营养全面,但蛋白质含量很少,主要作为蝌蚪的补充料,可打成碎末鲜喂,也可晒干后粉碎,添加于配合料中,添加量一般为 3% 左右。

(四)饲料添加剂

1. 维生素添加剂

市售的有单项维生素和复合维生素,可根据需要购买。使用时注意用量,过低不能满足代谢需要,过高造成浪费,甚至中毒。

2. 矿物质添加剂

是根据动物需要向饲料中添加少量或微量的矿物质,可提高饲料利用率和动物的抗病力,主要矿物质添加剂是微量元素和食盐,一定要注意用量,科学使用。另外,还有一些添加剂,如氨基酸添加剂、促生长添加剂、药物添加剂等,促生长添加剂的使用,应严格遵循有关药典法规,防止过量或残留而影响动物发育和人体健康。

(五)配合饲料

配合饲料根据蟾蜍及蛙类各个生长阶段的营养需要,利用多种饲料按比例配合并经科学加工制成的饲料,又称商品料。其优点是可根据营养需要配制,营养全面,能满足机体代谢需要;可制成不同生长时期所适宜的饲料形状,引诱性强,适口性好;便于贮存与保管,便于使用。

1. 原则与要求

(1)人工配合饲料的优点

①可按蟾蜍体型大小,制作适合其摄食的不同规格的饲料,并可添加嗜好性物质,以提高适口性及食欲。

②能满足不同生育期蟾蜍对蛋白质、氨基酸等营养成分的要求。

③在配合饲料中可掺入适量的药剂,以防治病害,提高蛙的成活率。

④投喂方便,省工省时,且易贮藏,一年四季均可供应,摆脱了自然条件的影响。

⑤保型性好,在水中保存的时间较长,减少了对水的污染及饲料的浪费,提高了饲料的利用率,从而降低了生产成本。

(2)人工配合饲料的原则

①以满足营养需要为依据,考虑蟾蜍的摄食习惯来配制饲料,如蟾蜍吞食是一口吞下,那么,配制饲料颗粒大小要随其日龄制备,还要加红色着色剂和具特殊味道的引诱剂,尽快吸引其摄食。

②蟾蜍及其蝌蚪多是水中采食,故饲料的漂浮性要好,可制成粉末状或膨化颗粒料。

③保证饲料质量,不能用发霉变质原料,不能随便加入有毒药物。

④要因地制宜,充分利用当地饲料资源,亦可养殖蚯蚓、诱捕昆虫等,以降低饲养成本。

⑤根据食量的大小、贮存的多少有计划地配制饲料。

(3)人工配合饲料的造粒要求

①配合饲料配方中蛋白质含量要求在40%以上。

②膨化颗粒饲料要求能在水面6小时不散,沉性颗粒饲料必须软化以适应蛙的吞咽能力。

③蝌蚪的饲料颗粒最小直径要求小于1.5毫米,长度大于4毫米,而成蛙饲料的直径浮性为6~8毫米,长度为30毫米。沉性饲料可稍大一点。

2. 饲料加工

无论哪种加工方法,均需将原料粉碎,过50~60目筛,计算复合维生素和微量元素的添加量,用玉米粉或大麦粉作为载体,混匀,并与其他品种饲料均匀搅拌或于饲料机内搅拌均匀。如果是粉料加工,则可装袋密封备用,如果是制备颗粒料则需进一步加工,一般储料时间为7天,粉料如需长时间保存,则需防潮、防晒,并加入防霉、防氧化剂,同时也可加入喹乙醇、土霉素等促生长剂,既促生长,又起到防病作用。

(1)粉料:粉料一般用于蝌蚪的饲喂,但粉料无漂浮性,易沉底,大量沉积于池底时,易使水体变质。因此,一方面要计算用量,另一方面要使用喂食盘,食盘以浸入水中5~10厘米为宜,既防止饲料迅速沉底污染水体,又易于清除剩余料。

(2)颗粒料:将各种粉碎后的原料及添加剂加入粘合剂和适

量水,制成团状,切块上笼蒸 30 分钟左右取出冷却,然后搓散成颗粒状,或用制粒机制成颗粒状,即可饲喂蝌蚪或幼、成蟾蜍。如需储存,则需要风干,装袋备用(但保存时间不可过长,以免变质)。如在陆地场所喂料,用时先用水浸湿方可利用,以免引起消化不良或胀肚。如是水中撒食,要用喂料台盘,以免沉入水底,造成浪费和水体污染。

(3)膨化颗粒料:此法制成的颗粒料,由于膨化作用,比重小于 1,可较长时间漂浮于水面,减少对水质的污染,故可用于各龄蝌蚪及成体的水中投食。另外,它可随波漂动,造成饵料的活动感,可促进蟾蜍的摄食。这种饲料的加工需要膨化机,首先将各种粉碎并掺和在一起的原料加添粘合剂和水,湿度一般为 20% 左右,待均匀搅拌后捏成团状并放入膨化机膨化,然后制成颗粒状并风干备用。一般幼体食用颗粒直径为 0.2 厘米左右,成体食用颗粒直径为 0.5 厘米左右。

3. 饲料配方

(1)蟾蜍蝌蚪期

配方 1 鱼粉 60%,米糠 30%,麸皮 10%。

配方 2 小杂鱼 50%,花生饼粉 25%,饲用酵母粉 2%,麸皮 10%,小麦粉 13%。

配方 3 血粉 20%,花生饼粉 40%,麸皮 12%,大麦粉 10%,豆饼粉 15%,无机盐 2%,维生素添加剂 1%。

配方 4 肉粉 20%,白菜叶 10%,豆饼粉 10%,米糠 50%,螺壳粉 2%,蚯蚓粉 8%。

配方 5 蚕蛹粉 30%,鱼粉 20%,大麦粉 50%,另加维生素适量。

配方 6 蓝藻或颤藻 65%,蛋黄 35%,另加甲状腺素 3/4 片。

配方 7 鱼粉 15%,猪肝 25%,米糠 43%,菠菜 10%,骨

胶 7%。

(2)变态后蟾蜍

豆饼粉 40%,菜籽饼粉 5%,鱼粉 10%,血粉 5%,麸皮 30%,苜蓿粉 10%。

五、动物性活饵料的培育

动物性活饵,包括大量浮游动物如枝角类、轮虫,还有一些变态昆虫的幼虫如蝇蛆,以及一些环节动物如蚯蚓等。在人工水产养殖中,由于放养密度较大,品种组成相对单一,水体中自然分布的大量活饵不能完全满足需要,需要进行人工投饵。一般情况下,养殖条件下的动物活饵来源主要靠人工培育。

(一)黄粉虫饵料的培育

黄粉虫又叫面包虫,适应性强,病害和天敌少,食性杂,饲料价廉而且来源广,培育技术简单,一个人可以管理几十平方米的饲养面积。

黄粉虫还可以立体生产,可以在居室中养殖,而且养殖成本很低,一般 1.5～2 千克的麦麸就可以培育 0.5 千克黄粉虫。在自然温度条件下,南方的黄粉虫可以繁殖 3 代;如果适当控制温度和湿度,黄粉虫的生长速度和繁殖次数还可以增加。

1. 生活史

和所有昆虫一样,一个世代要经过卵→幼虫→蛹→成虫(蛾)四态的变化,需要 4～5 个月。人工饲养时,1 只雌虫 1 年可繁殖

2000～3000 只幼虫。黄粉虫个体变态很不整齐,所以在活动期可同时出现卵、幼虫、蛹和成虫。

（1）卵:乳白色,椭圆形,米粒大小。卵的外面是卵壳,起保护作用,里面是卵黄。刚产出的卵又有粘性,常粘有饲料的碎屑。卵最适宜的孵化条件为温度 19～26℃,相对湿度 78%～85%。卵的孵化时间随温度高低而异,10～20℃时需 20～25 天,25～30℃时只需 4～7 天。

（2）幼虫:刚孵出的幼虫很小,长约 3 毫米,乳白色。1～2 天后开始进食,并进行第一次蜕皮。如果温度在 25～30℃,饲料含水量在 13%～18%,大约 8 天蜕去第一次皮,变为 2 龄幼虫,体长增至 5 毫米。以后大约在 35 天内又经过 6 次蜕皮,最后成为 8 龄老熟幼虫,这时幼虫呈黄色,体长增至 20～25 毫米。

幼虫在蜕皮过程中,每蜕皮 1 次,体长均明显增加。幼虫有 13 个体节,其中头节 1 节、腹节 8 节、胸节 3 节、尾节 1 节;头部口

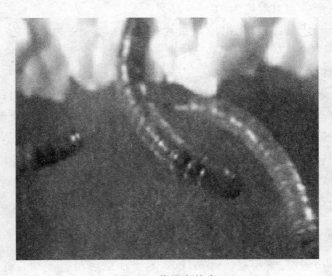

图 14　黄粉虫幼虫

器黑色,有 1 对颚和 1 对触角;眼小,仅有感光作用。幼虫生长最适的温度为 25～29℃,相对湿度 80％～85％,气温低于 10℃时极少活动,低于 0℃或高于 35℃时则可能被冻死或热死。幼虫很耐旱,但在较干燥的情况下,幼虫有互相残食的习性。幼虫昼夜都能活动、摄食。在适宜的温度 25～28℃、相对湿度 50％～80％时,8 龄幼虫约经过 10 天即变成蛹。

(3)蛹:末龄幼虫化为蛹,蛹光身睡在饲料堆里,并无丝茧包被,有时还能自行活动。刚形成的蛹为乳白色,以后逐渐变黄、变硬,长约 16 毫米,头大尾小,两边有棱角,3 天后颜色加深变成黑褐色。雄蛹乳状突起较小,不显著,基部愈合,端部伸向后方;雌蛹乳状突起大而显著,端部扁平稍骨化,显著向外弯。蛹常浮在饲料的表面,即使把它放在饲料底下,不久也会爬上来。黄粉虫的蛹期较短,温度在 10～20℃时,15～20 天即可羽化成蛾;25～30℃时,6～8 天就能羽化成蛾。蛹期要求的最适温度为 26～30℃,最适相对湿度为 78％～85％。

(4)成虫:初羽化出的成虫为白色,逐渐转变为黄棕色、深棕色,2～3 天后转变为黑色,有光泽。此时开始觅食。成虫体长14～19 毫米。

成虫尾节只 1 节,雄性有交接器隐于其中,交配时伸出;雌性有产卵管隐于其中,产卵时突出成虫羽化后 4～5 天开始交配、产卵,交配昼夜进行,但夜晚多于白昼。成虫一生中多次交配,多次产卵。每次产卵 6～15 粒,每只雌成虫一生可产卵 30～350 粒。最适宜成虫生活的温度为 26～28℃,相对湿度为 78％～85％,成虫昼夜都能活动、摄食。

2. 生活习性

(1)温度:黄粉虫较耐寒,越冬老熟幼虫可耐受－2℃,低龄幼虫在 0℃左右即大批死亡。0℃以上可以安全越冬,10℃以上可以

图 15　黄粉虫成虫

活动吃食。生长发育的适宜温度为 25～28℃,超过 32℃会热死。4 龄以上幼虫,当气温在 26℃时,饲料含水量在 15%～18%时,应急降温。黄粉虫较耐寒,老龄幼虫可耐受－4℃,低龄幼虫在 0℃时即大量冻死,8℃时开始生长发育。

(2)湿度:黄粉虫耐干旱,理想的饲料含水量为 15%,空气湿度为 50%～80%。如饲料含水量超过 18%,空气湿度超过 85%,则生长发育减慢,易生病。在特别干燥的情况下,黄粉虫尤其是成虫有互相残食的习性。

(3)食物:黄粉虫在自然界中,多栖息在粮食和饲料仓库中,成为仓库的一大害虫。黄粉虫属杂食性昆虫,吃食各种粮食、油料和粮粕加工的副产品,也吃食各种蔬菜叶。人工饲养时,应该投喂多种饲料制成的混合饲料,如麦麸、玉米面、豆饼、胡萝卜、蔬菜叶、瓜果皮等搭配使用,也可喂鸡的配合饲料。

(4)光线:黄粉虫怕光喜暗。成虫喜欢潜伏在阴暗角落或树叶、杂草或其他杂物下面躲避阳光;幼虫则多潜伏在粮食、面粉、糠麸的表层下 1~3 厘米处生活。雌性成虫在光线较暗的地方比强光下产卵多。人工饲养黄粉虫应选择光线较暗的地方,或者饲养箱应有遮蔽,防止阳光直接照射,影响黄粉虫的生活。

(5)喜群居:黄粉虫幼虫和成虫均喜欢聚集在一起生活。饲养时,如饲养密度过大,会提高群体内温度而造成高温热死幼虫,同时食物不足导致成虫和幼虫产生食卵和食蛹。

3. 饲养方式

黄粉虫的培育技术比较简单,既可进行大面积的工厂化养殖,又可以在自己家里搞小型饲养。具体采用哪一种方式,可根据生产需求来确定。

(1)工厂化培育:修建若干间培育室,并在培育室的门窗上装上纱窗,以防止敌害进入。在每间房内安装若干排木架(或铁架),每只木架分 3~4 层,每层间隔 50 厘米,每层放置一个培育槽。培育槽的大小要和放置培育槽的木架相适应。培育槽可用铁皮做成也可以用木板做成。培育槽的规格一般为长 200 厘米、宽 100 厘米、高 20 厘米。如果使用木板做培育槽,应在培育槽的内壁裱贴蜡光纸,使内壁光滑,以防止黄粉虫爬出。

(2)家庭培育:在自己家中用面盆、木箱、纸箱、瓦盆等容器,就在阳台上培育黄粉虫,是一种简单有效的解决动物性活饵料的培育方式。若容器太粗糙的,在其内壁裱贴光滑的纸即可使用。

4. 饲料

黄粉虫属杂食性昆虫,吃食各种粮食、油料和饼粕加工的副产品,也吃食各种蔬菜叶。人工饲养时,应该投喂多种饲料制成的混合饲料,如麦麸、玉米面、豆饼、胡萝卜、蔬菜叶、瓜果皮等搭配使用。也可喂鸡的配合饲料。

幼虫和成虫的基础混合饲料配方如下,可供参考。

配方 1 麸皮 45％,面粉 20％,玉米粉 6％,鱼粉 3％,黄豆粉 26％。另外,每 100 千克混合饲料中,添加复合维生素添加剂 3 克、微量元素添加剂 50 克。

配方 2 麸皮 80％,玉米粉 10％,花生饼粉 9％,其他(包括多种维生素、矿物质粉、土霉素)1％。

配方 3 麸皮 60％,碎米糠 20％,玉米粉 10％,豆饼粉 9％,其他(包括多种维生素、矿物质粉、土霉素)1％。

配方 4 麸皮 80％,玉米粉 10％,花生饼粉 10％。

5. 饲养方法

(1)成虫的饲养:成虫饲养的任务是使成虫产下大量的虫卵。

当羽化后的成虫,在虫体体色变成黑褐色之前,就要转到成虫产卵箱中饲养。若需转移的数量较少,可以用手捡拾;若需转移的数量较多,可以用鸡毛翎将蛹和成虫扫到一头,在扫开的地方洒上一些新鲜麦麸,再放上一些白菜叶,成虫便会自行转移到新鲜饲料上去,这时便可将成虫迁移到成虫产卵箱中去。成虫产卵箱为长 60 厘米、宽 40 厘米、高 15 厘米的木箱,底部钉上网孔为 2～3 毫米的铁丝网,网孔不能过大,也不能太小。箱内侧四边镶以白铁皮或玻璃,防止虫子逃跑。

放养成虫前在饲养槽中放一层厚约 4 厘米的基础混合饵料,在饵料表面铺一层筛孔直径为 3 毫米的筛网,筛网上再铺一层厚约 5 毫米的基础混合饵料。或先在箱底下垫一块木板,木板上铺一张纸,让卵产在纸上。箱内铺上一层 1 厘米厚的饲料,这样才能使成虫把卵产在纸上而不至于产在饲料中。在饲料上铺上一层鲜桑叶或其他豆科植物的叶片,使成虫分散隐蔽在叶子下面。为了防止过剩的干菜叶发霉,每隔 2～3 天就要将多余的菜叶清除干净。

投放雌雄成虫的比例为 1∶1。一般每平方米可放入成虫 4000～5000 只。

成虫在生长期间不断进食、不断产卵,所以每天要投料 1～2 次,将饲料撒到叶面上供其自由取食。在温度和湿度都适宜的情况下,羽化后的成虫经 5～6 天后便可以进行交配产卵,以后每隔 6～10 天再产一次卵。成虫产卵时多数钻到纸上或纸和网之间的底部,伸出产卵器穿过铁丝网孔,将卵产在纸上或纸与网之间的饲料中,这样可防止成虫把卵吃掉。每隔 3～5 天用鸡毛翎扫开一些饲料,将饲料和成虫移开,将卵转移到幼虫培育槽中,让其自行孵化。然后在原成虫培育槽中重新铺上白纸,将原饲料和成虫放回,让它们继续产卵。

成虫连续产卵 3 个月后,雌虫会逐渐因衰老而死亡,未死亡的雌虫产卵量也显著下降,因而饲养 3 个月后就要淘汰全部成虫,以免浪费饲料和占用产卵箱。

(2)幼虫的饲养:幼虫的饲养是指从孵化出幼虫至幼虫化为蛹这段时间,均在孵化箱中饲养。孵化箱与产卵箱的规格相同,但箱底放置木板。一个孵化箱可孵化 2～3 个卵箱筛的卵纸,但应分层堆放,层间用几根木条隔开,以保持良好的通风。

孵化前先进行筛卵,筛卵时首先将箱中的饲料及其他碎屑筛下,然后将卵纸一起放进孵化箱中进行孵化。卵上盖一层菜叶或薄薄的一层麦麸,在适宜的温度和湿度范围内,6～10 天就能自行孵出幼虫。刚孵出的幼虫和麦麸混在一起,用肉眼不易看得清楚。可用鸡毛翎拨动一下麦麸,如发现麦麸在动,说明有虫。

幼虫留在箱中饲养,3 龄前不需要添加混合饲料,原来的饲料已够食用,但要经常放菜叶,让幼虫在菜叶底下栖息取食。幼虫在每次蜕皮前均处于休眠状态,不吃不动,蜕皮时身体进行左右旋转摆动,蜕皮 1 次需要 8～15 分钟。随着幼虫的长大,应逐渐增加饵料的投放,同时减小饲养密度。1～3 周龄幼虫每平方厘米放养 8～10 只,4～6 周龄则为 5.5 只,7～9 周龄为 4 只,10～13 周龄为 3 只,14 周龄以上为 1.7 只。幼虫长到第 20～25 毫米或更大时,可收获作饲料。

幼虫的粪便为圆球状,和卵的大小差不多,无臭味,富含氮、磷、钾成分,是良好的有机肥,并含有一定量的蛋白质,可作饲料。幼虫培育槽中的粪便,应每隔 10～20 天清除一次。在清除粪便的前一天,不再添加饲料,待清除粪便后方可喂食。清除粪便的办法是:用筛子筛出幼虫粪便。筛子可用尼龙纱绢做成,对前期幼虫的粪便应用 11～23 目的纱绢做筛布,对中后期幼虫的粪便则用 4～6 目的纱绢做筛布。总之,以能让幼虫粪便筛出,而幼虫又钻不出筛孔为原则。在筛粪时,要注意轻轻地抖动筛子,以免把幼虫弄伤,并注意检查所筛出的粪便中是否有较小的幼虫。若有,可用稍小一些规格的筛子再筛一遍,或者把筛出的粪便都集中放到一个干净的培育槽中喂养一段时间后再筛。

用来留种的幼虫,到 6 龄时因幼虫群体体积增大,应进行分群饲养,幼虫继续蜕皮长大。老龄幼虫在化蛹前四处扩散,寻找适宜场所化蛹,这时应将它们放在包有铁皮的箱中或脸盆中,防止逃走。化蛹初期和中期,每天要检蛹 1～2 次,把蛹取出,放在羽化箱中,避免被其他幼虫咬伤。化蛹后期,全部幼虫都处于化蛹前的半休眠状态,这时就不要再检蛹了,待全部化蛹后,筛出放进羽化箱中,蛹在饲料表面,经过 7 天后就羽化为成虫。

饲养幼虫除了提供足够的饲料外,主要是做好饲料保湿工作,湿度控制在含水量 15％,过于干燥时可喷水,但不宜太湿。可人工调节温度、湿度,使环境条件适宜于卵的孵化。在干燥、低温的秋、冬季节,可用电炉、暖气等加温;用新鲜菜叶覆盖饲养槽,在饲养室内悬挂湿毛巾,以提高空气相对湿度。在高温的夏季,可定时向饲养室房顶浇水降温。

6. 病害防治

黄粉虫的抵抗能力强,很少发病,但也有发病的情况出现,如患软腐病、干枯病等。健壮的成虫,行动有急急忙忙、慌慌张张之态;健壮的幼虫,爬行较快、食欲旺盛。若发现虫体软弱无力、体色不正常,就要检查其是否有病。

(1)软腐病:此病多发生在梅雨季节,主要是因空气湿度大、饲料不干净;或在过筛时用力过大使虫体受伤、或幼虫被咬伤、或细菌感染所致。患软腐病时虫体行动迟缓、食欲下降、粪便清稀、虫体变黑变软,而后便腐烂死亡,或因无力蜕皮而死亡。

防治方法:若发现病虫,及时拣除,以防止互相感染;停喂青饲料,清理残饵和粪便;设法通风排湿;保持适宜的密度;过筛时,动作要轻,以减少虫体受伤的机会;发病后,用 0.25 克金霉素粉拌入 0.5 千克饲料投喂。

(2)干枯病:此病一般在幼虫和蛹中发生,病因不明,在高温干燥的季节易发此病。成虫较少患此病。患病的虫体从头至尾干枯,而后整个虫体枯死,死后体色变黑。

防治方法:干燥季节适当多投喂一些青饲料,或在地上洒些水,以调节湿度;若发现病虫,在饲料中拌些酵母片和土霉素粉,增加含钙质食物,以提高虫体的抗病能力。

(3)壁虎:壁虎很喜欢偷吃黄粉虫,是培育黄粉虫的一大敌害,而且较难防范。一旦培育的黄粉虫被壁虎发现,它会天天夜里来偷吃。有人曾打死一只壁虎后,剖腹检查发现,其肚里有 4 条 20 毫米的黄粉虫幼虫。

防治方法:彻底清扫培育室,堵塞一切壁虎藏身之地,门窗装上纱网,防止壁虎进入。

(4)老鼠:老鼠不仅能吃黄粉虫,而且还偷吃饲料,会把培育槽内搞得一塌糊涂。

防治方法:堵塞鼠洞,关好门窗,最好能在培育室内养一只猫。

(5)鸟类:黄粉虫是一切鸟类的可口饲料,若培育室开窗时,往往有麻雀进入室内偷吃,一只麻雀一次可以偷吃几十条幼虫。

防治方法:关好纱窗,防止鸟类入室,开窗时要有人看护。

(6)蚁害:蚂蚁也喜欢偷吃黄粉虫和饲料。在培育室四周挖水沟防蚁或在培育槽的架脚处撒石灰粉防蚁。

(7)米象:米象又叫米虫,它主要是和黄粉虫争饲料,米象的幼虫还会使饲料形成团块,而影响黄粉虫的生长和孵化。

防治方法:饲料在使用前用高温蒸,以杀死杂虫。

(8)螨:螨类无处不存在,各种螨类对黄粉虫危害极大,会造成虫体软弱、生长缓慢、繁殖力下降。螨类很小,用肉眼很难看得清楚,用低倍显微镜观察,可见到它形似小蜘蛛。

防治方法:搞好室内卫生,培育室在使用之前用甲醛和高锰酸钾消毒(先关好窗,20 平方米的室内用甲醛 100 毫升和 50 克高锰酸钾混在一起喷洒,立即关好门,待 2 小时后打开门窗通气);饲料在使用前,用蒸汽消毒,以杀死螨类;发现螨类时,可把饲料放在阳光下晒 5～10 分钟,若饲料中是幼龄虫不要晒太长时间;螨类严重为患时,可用 40％的三氯杀螨醇喷洒在墙角饲料上(用药一定要慎重,喷药时要带口罩,施药后要把手清洗干净)。

7. 采收

当黄粉虫长到 2～3 厘米时,除筛选留足良种外,其余均可作为饲料使用。使用时可直接用活虫投喂。

(二)蝇蛆饵料的培育

苍蝇生长繁殖速度惊人。据测算,一对苍蝇 4 个月能繁育

2000亿个蛆。从卵发育到成虫,一般仅需10~11天,如果到出产品,3~4天即可。养殖技术简单,周期短,见效快。

养苍蝇可在室内进行,不受季节和气候条件的影响。遗弃的禽、畜养殖房等均可用于养殖蝇蛆。若有加温条件,一年四季均可养殖。蝇是杂食性、腐食性昆虫,可以利用米糠、麦麸、酒糟、豆渣、果渣、鸡粪、牛粪、猪粪等多种培养料来饲养。

1. 生活史

苍蝇是完全变态昆虫。它的发育过程分为卵→幼虫(蛆)→蛹→成蝇4个时期。不同蝇种的发育时间受温度和环境的影响而不同,如常见的家蝇,在16℃时完成整个生活史需20天,但在30℃时只需要10~12天。

(1)卵:乳白色,香蕉型,前端尖,后端圆,往往几十个或几百个堆在一起。卵发育时间的快慢根据当地的温度而异,温度高时发育快,温度很低,即停止发育。南方一般在13℃以下,北方在8℃以下,即不能孵出。卵需要高湿,相对湿度低于90%,则死亡率高。

(2)幼虫(蛆):蝇蛆的活动范围一般在孳生物10厘米以内,接近地表处,以腐烂有机物质为食料,气温和营养条件适宜,幼虫期需3~5天。

(3)蛹:成熟幼虫化蛹之前停止取食,即离开高温、高湿环境,爬行到附近干松的土层中静止化蛹。蛹期一般3~5天。

(4)成蝇:成熟的蛹破壳而出,羽化为成蝇。刚羽化的蝇为苍白色,外皮柔软,经数小时才能飞行,这一特点有利于杀灭。成蝇羽化后不久即交配,一生产卵约3次,多至4~6次,每次产卵100~150个。

2. 生活习性

(1)幼虫生活习性:幼虫有畏光性,一般群集潜伏在饲料表层下 2～10 厘米摄食。成熟后,摄食停止,并开始离开潮湿的食场到光暗而干燥的地方或较干的食渣内准备化蛹。

(2)成虫生活习性

①交配、产卵:雄性羽化后 18～24 小时,雌性羽化后约 30 小时,达到性成熟,开始交配。绝大多数蝇一生仅交配 1 次,雄蝇的精液能刺激雌蝇产卵,贮存在雌蝇受精囊中的精子能延续 3 周或 3 周以上,使陆续发育的卵受精,所以雌蝇交配 1 次可终身受精。

雌蝇产第一批卵的时间长短与温度关系密切,在 35℃时,产卵前期为 2 天,15℃时为 9 天,15℃以下一般不产卵。蝇有卵小管约 100 支左右,所以每批产卵达 100 个左右,每只雌蝇一生能产卵 10 余批,甚至达 20 批,但每批卵数逐渐减少,一般每只雌蝇终身产卵 4～6 批,每批间隔 3～4 天,终身产卵 400～600 个,多的达 1000 个左右。绿蝇为 28～30 天,大头金蝇为 20 天。

②食性和取食行为:苍蝇食性复杂,到处都有它的食源,但不同蝇种,食性有差异。苍蝇取食的行为很特殊,当它接触到食物时先利用足上和喙上的化学感受器辨尝味道,然后取食,取食次数频繁,每几秒取食 1 次,边吃边吐边拉。

③活动和栖息:苍蝇有趋光性,白天活动,夜间栖息。苍蝇的活动受气温影响。在 4～7℃时活动力很弱,30～35℃时最活跃;45～47℃时死亡;30℃以上停留在荫凉处,秋凉和冬季在阳光下取暖。下雨、刮风入侵室内。

④飞行和扩散:蝇每小时能飞行 6～8 千米,一般活动范围在 1～2 千米,常在孳生物 100～200 米半径范围内活动取食。苍蝇的扩散受风向、风速、气味等多种因素影响,还可通过飞机、轮船、汽车等交通工具以及农副产品进入城市,形成被动扩散。

⑤寿命:苍蝇的寿命与温度、湿度、食物以及苍蝇的活动频率有关,通常雌蝇比雄蝇寿命长,雌蝇的寿命一般为 30～60 天,越冬可达半年之久。

3. 饲养方式

饲养成虫分舍养和笼养 2 种,前者适宜大规模工厂化饲养,需要严防逃逸。后者既适合大规模工厂化饲养,也适宜小规模饲养。我国目前普遍采用笼养来饲养成虫。

(1)养蝇房:种蝇要在蝇房饲养。种蝇房的大小,根据需要建造,也可用旧房改装。门和窗安装玻璃和纱窗,以利调温,壁上安装风扇,以调节空气。房内宜有加温设备,使冬天温度保持 20～32℃,房内相对湿度保持 60%～70%。

为了防止成虫偶然逃逸,造成扩散,或外界成虫飞入饲养房内干扰,养蝇房应设置纱门、纱窗,严加防范。还要特别注意预防老鼠、蚂蚁、蟑螂、蟋蟀等敌害生物,特别是老鼠和蚂蚁的侵害。

另外,利用塑料大棚养殖苍蝇也是一个比较好的方法。塑料大棚长 20 米、宽 4 米、低墙高 2 米、高墙高 3 米。在棚中设置立体纱网,在网中养苍蝇。

(2)蝇笼:饲养成虫的笼子根据饲养规模和条件的不同,可大可小。小笼的规格一般为,笼长 50 厘米、笼宽 40 厘米、笼高 30 厘米。这种笼子可以饲养 7000～8000 个成虫,即每只成虫可占空间 7.5～8.5 立方厘米。大笼的规格可加一倍或加数倍,饲养成虫的数量也可相应地增加其倍数。无论大笼小笼,均用 2 毫米网眼固定的窗纱缝制为好。即先将好的窗纱缝成一个密封的方袋状,并在一方的下边开一个横向 15 厘米、高 5 厘米左右的小口,在口外再缝上一个相应大小的纱布套,并在笼子的 8 个角上缝好带子。使用时,将笼子的 8 个角挂在相应的钉上或棍上,如同挂蚊帐一般,并将笼底托在一个平板上。

图 16　养蝇房

4. 饲料

（1）蝇蛆食料：麦麸、米糠、酒糟、豆渣等，均可用于蝇蛆养殖。也可利用发酵过的人、畜粪便，动物废弃物。蝇蛆嗜食猪粪、鸡粪。鸭粪等畜禽粪便。种蝇饵料可用畜禽粪便、打成浆糊状的动物内脏、蛆浆或红糖和奶粉调制的饵料。或用 1 份黄豆浸水磨浆，放入 20 份水中搅匀，再加 6 份鲜禽畜血，盛于平底皿中的海绵上。

（2）饵料配方

①蝇蛆饵料：33.3％猪粪和 66.7％鸡粪，或猪粪 66.7％、鸡粪 33.3％混合发酵腐熟。

②种蝇饵料：20 克红糖，10 克奶粉，混合溶于 100 毫升清水中。

5. 饲养方法

(1)蝇种子选育:首先应该选择个体健壮、产卵量高、正值产卵盛期的蝇群的卵块进行强化饲育,即适当稀养,食期添加一部分自然发酵 2～3 天的麦麸、米糠等,勤加食,勤除渣,使幼虫健壮整齐。

一窝幼虫,虽然饲养管理周到,化蛹仍有 2～3 天甚至 4～5 天的先后之差。因此,应选虫体大小、色泽基本一致的幼虫,放在 10 厘米左右深的盆内,再将这个盛有幼虫的盆放在另一个较大较深、盆底盛有一薄层糠粉之类比较干燥的粉状物的盆内,盆上加盖纸等物,使盆内保持黑暗通风。

成熟的幼虫排干体液后,就会纷纷从粪渣里面往盆外逃逸而掉进大盆底上粉状物内,准备化蛹。如果幼虫阶段发育整齐,1～2 天内大部分幼虫可以逃逸出来而化蛹。一般以 1～2 天内获得的虫体较好,剩下的可作饲料处理。逃逸出来的虫体要放在黑暗、通风、安静的环境中,平铺 2～3 层,待其化蛹。

等到蛹体外层颜色变为褐色,即化蛹 2～3 天后,用称重或测量容积的方法计数,或先数 1000 个蛹,称重,然后按比例称取所要的个数重。或先数 1000 个蛹,用量筒测容积,然后按比例量取所要求的个体容积。计数以后分别用纱布包好,浸入$(1～2)\times10^{-4}$的高锰酸钾溶液中消毒 5 分钟,洗净脏物,放入成蝇笼内让其孵化。在正常情况下,如化蛹整齐,而且体质健壮,绝大多数蛹体会集中在 1～3 天内羽化完毕。

无论幼虫和蛹,都易受老鼠、蚂蚁等的危害。饲养幼虫的猪粪、鸡粪极易逗引外界苍蝇前来产卵,一定要防止这种现象的发生,以免造成种子不纯,或发育不一致。

(2)成虫饲养:在温度为 25～28℃,湿度为 50%～60% 的环境中,饲养成虫的效果最好。

①调节温湿度：放养蝇蛹前，将养蝇房温度调节到 24～30℃，相对湿度调节到 50%～70%。

②放养蝇蛹：笼子和其他准备工作做好之后，将蝇蛹用清水洗净，消毒，晾干，盛入羽化缸内，每个缸放置蛹 5000 粒左右，然后装入蝇笼，待其羽化。

③投喂饵料和水：待蛹羽化（即幼蛹脱壳而出）5% 左右时，开始投喂饵料和水。饵料放在饲料盆内。如果饵料为液体，则在饲料盆内垫放纱布，让成蝇站立在纱布上吸食饵料。种蝇的饵料可用畜禽粪便，打成浆糊状的动物内脏，蛆浆或红糖和奶粉调制。目前，常用奶粉加等量红糖作为成虫的饲料。如果用红糖奶粉饵料，每天每只蝇用量按 1 毫克计算。以每笼饲养 6000 个成虫计算，成虫吃掉 20 克奶粉和 20 克红糖后，可以收获蝇蛆 30千克。

饲养过程中，可用一块长、宽各 10 厘米左右的泡沫塑料浸水后放在笼的顶部，以供应饮水，注意不要放在奶粉的上面。奶粉加红糖和产卵信息物（猪粪等）分别用报纸托放在笼底平板上，紧贴笼底。成虫便可隔着笼底网纱而吸水、摄食和产卵。

也可在笼内放置饲水盘供水，饲水盘要放置纱布。每天加饲养料 1～2 次，换水 1 次。

④安放产卵盘及产卵信息物：当成虫摄食 4～6 天以后，其腹部变得饱满，继而变成乳黄色，并纷纷进行交尾，这预示着成虫即将产卵。在发现成虫交尾的第二天，将产卵盘放入蝇笼，并把产卵信息物放入产卵盘（或将猪粪疏松撒在报纸上，其下垫上薄膜塑料和硬纸板，放在笼底平板上，以便于成虫产卵）。目前常用猪粪作引产信息物，其引产的效果较好，但是容易粘污笼壁，因而应当经常擦抹。也可用猪粪浸出物浸湿滤纸作为引产信息物，它虽不会污染笼壁，但容易干燥而影响引产效果。引产信息物也可用人工调制：麦麸用 0.01%～0.03% 碳酸铵水调制，再放些红糖和

奶粉,含水量控制在 65%～75%,混合均匀后盛在产卵缸内,装料高度为产卵盘的 2/3,然后放入蝇笼,集雌蝇入盘产卵。

⑤收卵:每天收卵 2 次,中午 12 时和下午 16 时各收集 1 次。每次收卵后将产卵盘中的卵和引产信息物一并倒入培养基内孵化,并重新换上新的引产信息物。如此反复进行,直到成虫停止产卵为止。

⑥淘汰种蝇:成虫在产卵结束后,大都自然死亡。死亡的成虫尸体太多时,应适当清除。清除尸体的工作应当在傍晚成虫的活动完全停止以后进行。当全部成虫产卵结束后,部分成虫还需饥饿 2 天,才可自然死亡。也可将整个笼子取下放入水中将成虫闷死,或用热水或蒸汽杀死。淘汰的种蝇可烘干磨粉作畜禽饲料,淘汰种蝇后的笼罩和笼架应用稀碱水溶液浸泡消毒,然后用清水洗净晾干备用。

(3)雌雄苍蝇分离:一般羽化后 6～8 天,雄雌两性已基本交配完毕,可适时分离雄蝇,用以饲养蟾蜍。

①在蝇笼内改产卵盘为产卵缸(普通茶缸),内盛半缸含水量 70%的麦麸,麦麸上放入少量 1%～3%的碳酸铵溶液,再放些红糖和奶粉。这种方法可较好地引诱雌蝇产卵。待缸内爬满雌蝇后,将预先制作的纱网袋(大小以能套入为准)悬吊在蝇笼内产卵缸上方,轻缓地放下罩住缸口,轻击缸体,雌蝇即全体飞起,进入纱网袋。

②用有黏性的红糖水浸湿雌活蝇,抖落进容器中,将其捣碎,加上 10 倍的清水,用卫生喷雾器对蝇笼纱网喷雾(以湿润不滴水为度)。这时已完成交配使命的雄雌蝇虫,在笼中诱卵缸和笼网雌诱液的双重作用下,96%以上数目的雄蝇攀停在笼网上,雌蝇大量落停在产卵缸中。

③将爬满雌蝇并被罩住缸口的产卵缸移出,放入另一新蝇笼,反复 5～10 次,待缸内不再有大量雌蝇光顾时,把产卵缸取

出,即可把笼中的雄蝇作为活体饲料用以饲喂蟾蜍或其他动物。收笼笼中雄蝇的方法有两个:一是将蝇笼中盘、缸类取净,纱网蝇笼中的雄蝇收拢,捣碎混入饲料,可饲喂蟾蜍等;二是活蝇用浓糖水浸湿,撒上饲料粉,抖落进盆、槽等容器中,任其爬行,可饲喂蟾蜍等。

④将收拢捣碎的雄蝇肉浆,加入到产卵缸中,引诱雌蝇入缸产卵,驱避雄蝇,可为雄雌蝇虫分离带来方便。

⑤羽化的苍蝇生活期为 23 天左右。15 日龄后,随着雌蝇体的老化不再产卵,这时可趁蝇体尚未衰竭,含有充分营养成分之机,将蝇笼中盘、缸水具及食具取出,将纱网蝇笼收拢,利用苍蝇活体喂蟾蜍。

(4)蝇蛆饲养

①饵料:将麦麸加水拌匀,湿度维持在 70%～80%,盛入培养盘。一般每只盘可容纳麦麸饵料 3.5 千克。或用发酵腐熟的猪粪、鸡粪为饵料。将卵粒埋入培养饵料内,让其自行孵化。一般按 10 千克饵料接种 8 克(约 4 万粒)蝇卵。

②饵料的厚度:一般以 3～5 厘米为宜,夏天不超过 3 厘米。

③培养:温度以 25℃左右为宜。

④适时翻动:培养饵料随着蛆的生长和饵料的发酵,盘内温度逐渐上升,最高可达 40℃以上,这会引起蝇蛆死亡,因此要注意降温。

6. 病害防治

要特别注意预防老鼠、蚂蚁、蟑螂、蟋蟀等敌害生物,特别是老鼠和蚂蚁的侵害。

7. 采收

(1)适时收获:在 25℃左右气温条件下,蝇卵于接种后 8～12

小时孵出蝇蛆,经过 4~5 天,蛆变成黄色时即应收集利用。方法是利用蝇蛆怕光的习性,将料盆置于强光下(露天池就在晴朗的白天进行),蛆便往下钻,把表层粪料取走,重复多次,最后剩下少量粪料和大量蝇蛆,再用 16 目孔径的筛子振荡分离。分离出的蝇蛆洗净后,可以直接用来饲喂蟾蜍或其他珍禽,也可将蝇蛆放在 50℃ 条件下烘烤,干燥后加工成粉,贮存备用。

(2)蝇蛆留种:收集蝇蛆时,先用网孔较大的筛子分离出少量体大的蝇蛆,留作种用。将种用的蝇蛆接种在盛有充分发酵、腐熟的畜禽粪料盆中,继续培养。蝇蛆在培养基内发育老熟后,便爬到表层化蛹,这时盆内培养基不宜翻动,待蝇蛆基本化蛹完毕,就可淘蛹晾干,培养种蝇用。

(三)蚯蚓饵料的培育

蚯蚓俗称曲蟮,中药称地龙。属于环节动物门、寡毛纲的陆栖无脊椎动物。蚯蚓的分布很广,遍布于全世界。我国蚯蚓有 160 多种,常见的养殖品种有太平 2 号、北星 2 号、赤子爱胜蚓(俗名红蚯蚓)、威廉环毛蚓(俗名青蚯蚓)。蚯蚓生长发育快,繁殖力强,易饲养,养殖技术简单。

1. 生活史

蚯蚓的生活史包括一个生殖细胞的发生、形成和受精,到成体的衰老、死亡。人为地一般分为蚓茧形成、胚胎发育和胚后发育三个阶段。

(1)蚓茧形成

①生殖细胞的发生:随着个体生长,生殖腺逐渐发育,其内也逐步进行着生殖细胞的发生过程,到一定的时期,再排入贮精囊或卵囊内,进一步发育成精子或卵子。蚯蚓的卵多为圆球形、椭

圆形或梨形。赤子爱胜蚓卵的直径只有 0.1 毫米，由卵细胞膜、卵细胞质、卵细胞核以及最外面一薄层由卵本身分泌的卵黄膜所构成。

②蚯蚓的交配：雌雄同体，异体交配。

③排卵与受精：排卵是指蚯蚓通过雌孔将卵排出体外的过程，当受精囊孔途经雏蚓茧时，原来交配所贮存的异体精液就排入雏蚓茧内，从而完成受精过程。

④蚓茧形成：从环带开始分泌蚓茧膜及其外面细长的黏液管起，经排卵到雏蚓茧从蚓体最前端脱落、前后封口成蚓茧止，是蚯蚓茧形成的全过程。初产蚓茧多为苍白色、淡黄色，随后逐渐变成黄色、淡绿色或淡棕色，最后可能变成暗褐或紫红色、橄榄绿色。多为球形、椭圆形，有的为袋状、花瓶状或纺锤状，少数为细长纤维状或管状。蚓茧的含卵量：同种类蚯蚓，蚓茧含卵量不同。有的仅含一个卵，有的则含多个卵。

(2)胚胎发育：蚯蚓的胚胎发育是指从受精卵开始分裂起，到发育为形态结构特征基本类似成年蚯蚓的幼蚓，并破茧而出的整个发育过程（即孵化）。它包括卵裂、胚层发育、器官发生三个阶段。蚯蚓胚胎发育的完成即为蚓茧孵化过程的结束。孵化所需时间及每个蚓茧孵出的幼蚓数，因种类、孵化时的温度、湿度等生态因子而变。赤子爱胜蚓每个蚓茧一般孵出幼蚓 1～7 条，孵化时间为 2～11 周。

(3)胚后发育：从幼蚓由蚓茧中孵化出来，经生长发育到达性成熟、生殖，然后逐渐衰老以及死亡。蚯蚓的寿命为 1～3 年。

2. 生活习性

(1)喜温：适宜温度为 5～30℃，最适温度在 20℃左右，32℃以上停止生长，10℃以下活动迟钝，5℃以下处于休眠状态。

(2)喜湿：白天栖息在潮湿、通气性能良好的中性或微酸、微碱性土壤中,适宜湿度在 $60\%\sim70\%$。

(3)怕光:栖息深度一般为 $10\sim20$ 厘米,夜晚出来活动觅食。

(4)怕盐:盐料对蚯蚓有毒害作用。

(5)食物:蚯蚓是杂食性动物,以腐烂的落叶、枯草、蔬菜碎屑、作物秸秆、禽畜粪、瓜果皮,造纸厂、酿酒厂或面粉厂的废渣以及居民点的生活垃圾为食。特别喜欢吃甜食,比如腐烂的水果,亦爱吃酸料,但不爱吃苦料和有单宁味的食料。

(6)繁殖:一般 $4\sim6$ 月龄性成熟,一年可产卵 $3\sim4$ 次,每年 $3\sim7$ 月和 $9\sim11$ 月是蚯蚓繁殖旺季。蚯蚓的寿命为 $1\sim3$ 年。

3. 饲养方式

蚯蚓饲养场所可在室外饲养,也可在室内饲养(水泥池养殖床、多层式箱养、盆养)。饲养场所应遮荫避雨,避免阳光直射,排水、通风良好,湿度适宜,环境安静,无农药和其他毒物污染,并能防止鼠、蛇、蛙、蚂蚁等的危害。

(1)池养:可利用阳台、屋角等闲置地方,建池养殖。在室内用砖砌成 5 平方米大小的方格池,高 25 厘米左右,垫上 10 厘米以上松土。或建成长 2 米、宽 2.5 米、深 $0.4\sim0.5$ 米的池,或按行距 0.5 米左右一个挨一个地排列建造。

如果地下水位较高,可不挖池底,在地上用砖直接垒池。如果地势高而干燥,可向下挖 $40\sim50$ 厘米深池,以利于保持池内的温度和湿度。

(2)床养:在地面上直接铺养殖土做成养殖床,养殖床面积 $5\sim6$ 平方米大小,四周设宽 30 厘米、深 50 厘米的水沟,既可排水,又可作防护沟。

(3)缸养:在缸底钻 $1\sim2$ 厘米圆孔用于排水,铺上 10 厘米厚的养殖土。

(4)盆养:可利用花盆等容器饲养。适合养殖赤子爱胜蚓、微小双胸蚓、背暗异唇蚓等。一般常用的花盆等容器,可饲养赤子爱胜蚓 10～70 条。盆内所投放的饲料不要超过盆深的 3/4。这种养殖方式,盆内土壤或饲料的温度和湿度容易发生变化,需要注意掌握。

(5)箱或筐养:可利用包装箱、纸箱或塑料箱、柳条筐、竹筐等养殖。箱、筐的面积不超过 1 平方米。养殖箱的底部和侧面均应有排水、通气孔。排水、通气孔孔径为 0.6～1.5 厘米。

(6)箱式立体养殖:将相同规格的饲养箱重叠起来,可以进行立体集约化养殖。先做好木箱与架子。架子可用钢筋、角铁焊接或用竹、木搭架,也可用砖、水泥板等材料建筑垒砌。养殖箱长 50 厘米、宽 35 厘米、高 25 厘米左右,放在饲养架子上,一般放 4～5 层。在箱中垫 10 厘米以上松土,上面加盖透气的防逃网。养殖时,注意通风换气、调节温度与土壤湿度,保持土壤的清洁与室内卫生。

(7)沟槽养殖:选择背风遮荫处,开挖沟槽养殖。沟槽长 10 米,宽 2 米,深 60～80 厘米。沟的上面一侧稍低,一侧稍高,有一定的倾斜度。沟底铺 15 厘米厚的养殖土,沟上用薄膜、竹帘、塑料板等防雨材料覆盖,可放养 3000～5000 只蚯蚓。沟的表面四周应开好排水沟,沟底养殖土堆放成棱台形,以排水。

(8)田间养殖:选用地势比较平坦,能灌能排的桑园、菜园、果园或饲料田,沿植物行间开宽 35～40 厘米、深 15～20 厘米的沟槽,施入腐熟的畜禽粪、生活垃圾等有机肥料,上面用土覆盖 10 厘米左右,放入蚯蚓进行养殖。沟内应经常保持潮湿,但又不能积水。这种养殖方式不宜在种植有柑橘、松、枞、橡、杉、桉等的园林中开沟放养。也可进行田间规模养殖。

(9)半地下室养殖:选择背风、干燥的坡地,向地下挖 1.5～1.6 米深、2.5 米宽、长度自定的沟。沟的一侧高出地面 1 米,另一侧高出地面 30 厘米,形成一个斜面,斜面用双层塑料薄膜覆盖。

（10）地下窖养殖：利用人防工事、防空洞、地洞、地坑或土窖等阴暗潮湿保温的地点进行养殖。

（11）塑料棚室养殖：可利用现有的冬季暖棚、温室养殖蚯蚓。

（12）简易堆料养殖：选择地势较高、靠近水源又不积水的平地作养殖场。利用马、牛、羊粪或其他畜禽粪便再加入30％的干草料拌匀堆沤发酵而成堆料。将堆制好的饲料调节好湿度后铺于选定的地点，堆料宽1～1.2米，厚15厘米。均匀投入含卵块及幼蚓的蚓种，上面再覆盖厚5厘米的堆料。用薄膜覆盖。为防蚯蚓逃逸，用网目3毫米的尼龙网围护，或挖水沟围护。

4. 饲料

培育蚯蚓的饲料的调配比例一般为主食（落叶、枯草、废纸等多纤维物质）占60％，副食（产业废料等）占40％，含水分以70％～75％为最佳。在畜禽粪便中，牛粪、猪粪、兔粪都可以作蚯蚓的饲料，其中以兔粪为最好，但是不能用鸡粪。如果用造纸污泥或其他产业废料作蚯蚓的培育饲料，其中再掺进一定比例的稻草和牛粪，制成堆肥或掺进活性污泥40％和木屑20％，都可以达到良好的培育效果。

养殖蚯蚓的原料一般要进行堆沤发酵处理，以便蚯蚓取食。

（1）发酵料配方：发酵料配方中，粪料主要是牛粪、马粪、猪粪、羊粪、鸡粪、腐烂的水果、蔬菜等，草料主要是植物秸秆、茎叶、杂草、垃圾等，其中以牛粪和稻草效果最佳，猪粪次之。常见配方如下：

配方1：粪料60％，作物秸秆或青草40％。

配方2：粪料70％，作物秸秆或青草20％，麦麸10％。

配方3：牛粪、马粪50％，玉米秸秆49％，尿素1％。

配方4：牛粪60％，稻草或麦草40％。

配方5：粪料40%，作物秸秆或青草57%，石膏粉2%，过磷酸钙1%。

（2）原料发酵处理：发酵是将饲料中复杂的高分子有机化合物通过细菌或酵母分解为简单的低分子有机化合物的过程。有机物经过发酵腐熟，具有营养丰富、细、软、烂、易于消化吸收、适口性好等特点。

（3）原料处理：捣碎牛粪等畜禽粪便；粉碎杂草、树叶、稻草、麦秸、玉米秸秆等植物类原料，铡切成1厘米左右；将蔬菜、瓜果切剁成小块；剔除碎石、瓦砾、金属、玻璃、塑料等有害物质。

（4）发酵条件

①温度：温度对原料堆的分解发酵有重要影响。微生物适宜生活温度为15～37℃，其中好气性微生物生活的最适温度为22～28℃，兼气性微生物生活的最适温度为37℃左右，耐热微生物生活的最适温度为50～65℃。

②原料含水量：含水量控制在40%～50%，即堆积后堆底边有些许水流出。

③pH值：微生物对酸碱度反应十分敏感，pH一般在6.5～8.0。过酸可添加适量石灰，过碱可用水淋洗。

（5）堆制发酵

①预湿：将草料浸泡吸足水分，预堆10～20小时。干畜禽粪同时淋水调湿预堆。

②建堆：先在地面上按2米宽铺一层20～30厘米厚的湿草料，接着铺一层厚3～6厘米的湿畜禽粪。然后再铺厚6～9厘米的草料、3～6厘米的湿畜禽粪。这样一层粪料、一层草料，交替铺放，直至铺完为止。堆料时，边堆料边分层浇水，下层少浇，上层多浇，直到堆底渗出水为止。料堆应松散，不要压实，料堆高度宜在1米左右。料堆成梯形、馒头形或圆锥形，最后堆外面用塘泥封好或用塑料薄膜覆盖，以保温、保湿。

③翻堆:堆制后第二天堆温开始上升,4～5 天后堆内温度可达 60～75℃。待温度开始下降时,要翻堆进行第二次发酵。翻堆时要求把底部的料翻到上部,边缘的料翻到中间,中间的料翻到边缘,同时充分拌松、拌和,适量淋水,使其干湿均匀。第一次翻堆 1 周后,再做第二次翻堆,以后隔 6、4 天各翻堆一次,共翻堆 3～4 次。

(6)发酵饲料处理

①鉴定:培养料发酵 30 天左右,无臭味、无酸味。色泽为茶褐色。手抓有弹性,用力一拉即断,一种特殊的香味,即表明发酵腐熟。

②投喂前的处理:将发酵好的培养料摊开混合均匀,然后堆积压实,用清水从料堆顶部喷淋冲洗,直到饲料堆底有水流出,清除有害气体和无机盐类、农药等有害物质。饲料的酸碱度在 6.5～8.0 都可使用。含水量可控制在 37%～40%,即用手抓一把饲料挤捏,指缝间有水即可。若过干,则需加水;若过湿,则要晾干一些。

③试投:使用前,先用少量蚯蚓试验饲养,经 1～2 昼夜后,如果有蚯蚓自由进入栖息、取食,无任何异常反应,即可大量正式投喂。否则,说明原料腐熟不完全,要继续发酵后才能使用。

(7)注意事项

①冬季要注意选择温暖、避风寒的地方堆料,夏季要注意料堆避免阳光直接照晒。

②冬季堆沤时,因气温较低,应将饲料堆踏实,以减少空气流通,调节发酵速度。

③料堆发酵过程中出现料面塌陷时,要及时用周围的原料填平凹处,以防雨水渗入。

5. 饲养方法

(1)蚓种采集

①蚓种选择:选择蚯蚓种要根据养殖目的和具体情况来定。目前,我国人工养殖的蚯蚓种类主要是赤子爱胜蚓和威廉环毛蚓。赤子爱胜蚓,个体中偏小,生长期短,繁殖率高,食性广泛,易饲养,便于管理,蛋白质含量高,可作人类的美味食品。威廉环毛蚓,个体中等大小,分布广,生长发育较快,个体粗壮,抗病力强,适于大田养殖。

饲料用蚯蚓,可采用环毛蚓、背暗异唇蚓、赤子爱胜蚓、红正蚓等,这些蚯蚓生长发育快。药用蚯蚓种一般多用直隶环毛蚓、秉氏环毛蚓、参环毛蚓和背暗异唇蚓等。改良土壤用蚯蚓种一般多选择微小双胸蚓、爱胜双胸蚓等。沙质土壤,可选择湖北环毛蚓和双颐环毛蚓。

②引种:引种主要指从外地养殖场或蚯蚓种场直接购进蚯蚓种品种。蚯蚓良种主要有太平2号(自日本引进,与赤子爱胜蚓同属一种)、北星2号(与赤子爱胜蚓同属一种)、赤子爱胜蚓(俗名红蚯蚓)、威廉环毛蚓(俗名青蚯蚓)。也可采集野生蚯蚓做种。

③野外采种:野外采种时间,北方地区6~9月,南方地区4~5月和9~10月。选择阴雨天采集。蚯蚓喜欢生活在阴暗、潮湿、腐殖质较丰富的疏松土质中。野外采集蚯蚓种方法如下。

扒蚯蚓洞:直接扒蚯蚓洞采集。

水驱法:田间植物收获后,即可灌水驱出蚯蚓;或在雨天早晨,大量蚯蚓爬出地面时,组织力量,突击采收。

甜食诱捕法:利用蚯蚓爱吃甜料的特性,在采收前,在蚯蚓经常出没的地方放置蚯蚓喜爱的食物,如腐烂的水果等,待蚯蚓聚集在烂水果里,即可取出蚯蚓。

红光夜捕法:利用蚯蚓在夜间爬到地表采食和活动的习性,

在凌晨 3～4 点钟,携带红灯或弱光的电筒,在田间进行采集。

④蚓种处理:无论是野外采集的蚯蚓种还是外地直接引种,都要经过药物处理、隔离饲养和选优去劣:

药物处理:用 1‰～2‰福尔马林(甲醛)溶液喷洒在蚯蚓种体上,5 小时后再喷洒一遍清水。

隔离饲养:将药物处理过的蚯蚓种放入单独的器具中饲养,经过 1 周的饲养观察,确认无病态现象,才可放入饲养室或饲养架内饲养。

选优去劣:挑选个体体型大,健壮,活泼,生活适应性强,生长快,产卵率高的蚯蚓作为优种单独饲养。

(2)投放蚓种

①饲养密度:蚯蚓生活史包括繁殖期、卵茧期、幼蚓期和成蚓期。养殖时,前期幼蚓个体小、活动弱,饲养密度每平方米50 000～60 000 万条;后期幼蚓个体长大,活动增强,应扩大养殖面积,每平方米 15 000 万条左右。

在适宜的条件下,威廉环毛蚓饲养密度为每平方米 20 000 条左右;赤子爱胜蚓为每平方米 20 000 条左右。

②饲料厚度:饲料厚度 18～20 厘米。冬季饲料厚度可加厚到 40～50 厘米。

③投种方法

投放成蚓:将蚓种放入饲料内,使其大量繁殖,每隔 10～15 天即可收取蚯蚓。

蚓茧孵化:收集养殖床内的蚓茧,投放在其他的养殖床内孵化。蚓茧的收集:

方法一:将原饲料从床位内移开,新饲料铺在原来床位内,再将原饲料(连同蚯蚓)铺在新料之上。待成蚓为取食新饲料而钻到下面的新饲料层后,取上面的含蚓茧的旧饲料。

方法二:在原饲料床两侧平行设置新饲料床,经 2～3 昼夜或稍长时间后,成蚓自行进入新饲料床。将原料床连同蚓茧和幼蚓取出过筛或放在另外的地方继续孵化。

方法三:收集蚓粪,蚓粪中往往含有许多蚓茧。将含有蚓茧的蚓粪摊开风干,不要日晒。待含水量为40%左右时,用孔径2～3毫米的筛子将蚓粪过筛。筛上物(粗大物质和蚓茧)另置一床,加水至含水量为60%左右,继续孵化。

④留种:成蚓性已成熟,应挑选发育健壮、色泽鲜艳、生殖带肿胀的蚯蚓,更新原有繁殖群体。也可利用蚓茧留种:收集含有许多蚓茧的蚓粪;将含有蚓茧的蚓粪摊开风干,不要日晒;待含水量为40%左右时,用孔径2～3毫米的筛子将蚓粪过筛;经筛选后的蚓粪继续风干,然后用塑料袋包装贮存备用。

(3)饲养管理

①创造适宜养殖环境:根据蚯蚓生活习性、日常要保持它所需要的适宜湿度和温度,避免强光照射,环境要安宁。冬季应加盖稻草或塑料薄膜保温,夏季遮阳,并洒水降温,保持空气流通。料床温度宜保持在20～25℃。料床要保持一定湿度,但又不能积水。一般每隔3～5天浇1次水,使料床绝对湿度保持在37%～40%,底层积水不超过1～2厘米。养殖床上面可加盖。晚上开灯,防止蚯蚓逃走。

②保持饲料床含氧量:蚯蚓耗氧量较大,需经常翻动料床使其疏松,或在饲料中掺入适量的杂草、木屑。如料床较厚,可用木棍自上而下戳洞通气。

③适时投料:在室内养殖时,养殖床内的饲料经过一定时间后逐渐变成粪便,必须适时给以补料。

上投法:当养殖床表层的饲料已粪化时,将新饲料撒在原饲料上面,5～10厘米厚。

下投法:将原饲料从床位内移开,新饲料铺在原来床位内,再将原饲料(连同蚯蚓)铺在新料之上。

侧投法：在原饲料床两侧平行设置新饲料床，经 2～3 昼夜或稍长时间后，成蚓自行进入新饲料床。

④定期清除蚯蚓粪便：清理蚯蚓粪的目的，是减少养殖床的堆积物，并获得产品，清理时要使蚓体与蚓粪分离。对早期幼蚓，可利用其喜食高湿度新鲜饲料的习性，以新鲜饲料诱集幼蚓；对后期幼蚓、成蚓和繁殖蚓可用机械和光照及逐层刮取法分离，即用铁耙扒松饲料，辅以光照，使蚯蚓往下钻，再逐层刮取残剩饲料及蚓粪，最后获得蚯蚓团。

⑤适时分养：在饲养过程中，种蚓不断产出蚓茧，孵出幼蚓，而其密度也就随着增大。当密度过大时，蚯蚓就会外逃或死亡，所以必须适时分养。

⑥适时采收：适时采收成蚓，即使调节和降低种群密度，保持生长量和采收量的动态平衡。

6. 病害防治

蚯蚓的病虫害主要有线虫、族虫、螨虫、蛇、青蛙、鸡、白蚁、蚂蚁、蜗牛、老鼠、蜈蚣、蜘蛛等。对于蚯蚓的病虫害主要采取预防为主的办法，即要经常在蚯蚓培育区的周围进行消毒杀菌；培育蚯蚓的容器上面一定要盖上盖子；培育蚯蚓的饲料须经发酵后使用，如果饲料在培育基中发酵就会产生酸、二氧化碳、氨及甲烷气等有害物质而造成蚯蚓逃逸或中毒死亡（蚯蚓的中毒症状为体形改变）；蚯蚓的饲料中，切忌加入盐和化学药品。

7. 采取

收取成蚓可以与补料、除粪结合起来进行，具体方法如下。

（1）光照下驱法：利用蚯蚓的避光特性，在阳光或灯光的照射下，用刮板逐层刮料，驱使蚯蚓钻到养殖床下部，最后蚯蚓聚集成团，即可收取。

（2）甜食诱捕法：利用蚯蚓爱吃甜料的特性，在采收前，可在旧饲料表面放置一层蚯蚓喜爱的食物，如腐烂的水果等，经 2～3 天，蚯蚓大量聚集在烂水果里，这时即可将成群的蚯蚓取出，经筛网清除杂质即可。

（3）水驱法：适于田间养殖。在植物收获后，即可灌水驱出蚯蚓；或在雨天早晨，大量蚯蚓爬出地面时，组织力量突击采收。

（4）红光夜捕法：此法也适于田间养殖。利用蚯蚓在夜间爬到地表采食和活动的习性，在凌晨 3～4 点钟，携带红灯或弱光的电筒，在田间搜寻采收。

（5）干燥逼驱法：对旧饲料停止洒水，使之比较干燥，然后将旧饲料堆集在中央，在两侧堆放少量适宜湿度的新饲料，约经两天后蚯蚓都进入新饲料中。这时取走旧饲料，翻倒新饲料即可捕捉。

（6）笼具采收法：用孔径为 1～4 毫米的笼具，笼中放入蚯蚓爱吃的饲料。将笼具埋入养殖槽或饲料床内，蚯蚓便陆续钻入笼中采食，待集中到一定数量后，再把笼具取出来即可。

（四）水蚯蚓饵料的培育

水蚯蚓是最常见的水底底栖动物，也是淡水底栖动物群的重要组成部分。它们像蚯蚓一样，把淤泥吞食而又排出，有利于改变水底环境，同时，它们更是蝌蚪培育阶段的理想活饵料。

1. 生活史

与陆生蚯蚓一样，水蚯蚓也是雌雄同体、异体受精。交配时，两条水蚯蚓体前端以腹面相靠合，各自排出精液到对方受精囊内贮存。交换精液后各自分开，卵成熟后，环带分泌黏物而形成带状的卵袋（卵茧），卵即产于其中。卵袋内有卵 1～4 粒，多则 7

粒,生殖期每一成体可排出卵茧 2～6 个。受精卵在卵袋内发育成为水蚯蚓,水温在 22～32℃时,孵化期为 10～15 天。在南方一年四季均可繁殖,以 7～9 月份、水温在 28℃以上时繁殖最快,产茧最多,孵化率最高。幼蚯蚓出膜后常以头从茧的桶端伸出,水蚯蚓生殖时常有群聚现象,因此在微流水处常常见到团块状的粉红色水蚯蚓聚集成群。

2. 生活习性

水蚯蚓与陆生蚯蚓形体相似,但体型较小,长 10～100 毫米。蚯蚓喜欢集中生活在泥表层 3～5 厘米处,适宜 pH 为 5.6～9,以摄食混于污泥中的有机物质为生。水蚯蚓含有十分丰富的蛋白质、脂肪、无机盐和维生素。总脂量是其他淡水浮游生物的 2～4 倍,同时它还含有理想的诱食物质,是蝌蚪培育阶段的最理想的开口饵料。它一般不具有专门的呼吸器官,通过身体表面积的增大和加快颤动速度,促使周围水流更新来调节呼吸。

水蚯蚓具有很强的再生能力,切断后能各自生成完整的个体。水蚯蚓食性很广很杂,既可以吞食泥土,又可以从中食进腐屑、细菌及底栖藻类,有时也吃丝状藻类和小型动物。

3. 饲养方式

首先要选择一个适合水蚯蚓生活习性的生态环境来挖坑建地。要求水源良好,最好有微流水,土质疏松、腐殖质丰富的避光处,面积视培养规模而定,一般以 3～5 平方米为宜,最好是长 3～5 米,宽 1 米,高 45～50 厘米,水深 20～25 厘米。池底要求保水性能好或敷设三合土,池的一端设一排水口,另一端设一进水口。进水口设牢固的过滤网布,以防敌害进入,堤边种丝瓜等攀缘植物遮阳。

4. 饲料

用发酵过的麸皮、米糠作为饲料，每隔 3～4 天投喂 1 次。投喂时，要将饲料充分稀释，均匀泼洒。投饲量要掌握好，过剩则水蚯蚓的栖息环境受污染，不足则生长慢，产量上不去。根据经验，精料以每平方米 60～100 克为宜。另外，间隔 1～2 个月增喂 1 次发酵的牛粪，投喂量为每平方米 2 千克。

5. 饲养方法

水蚯蚓天然资源丰富，在污水沟、排污口以及码头附近数量特别多，人工培育水蚯蚓方法简便易行。

(1)制备培养基料：制备良好优质的培养基，是培育水蚯蚓的关键，培养基的好坏取决于污泥的质量。选择有机腐殖质和有机碎屑丰富的污泥作为培养基料。培养基的厚度以 10 厘米为宜，同时每平方米施入 7.5～10 千克牛粪或猪粪作基底肥，在下种前每平方米再施入米糠、麦麸、面粉各 1/3 的发酵混合饲料 150 克。

(2)引种：天然水域中水蚯蚓的聚集有季节性变化，但不太明显。捞取水蚯蚓时，要带泥团一起挖回，装满桶后，盖紧桶盖，几小时后，需要取水蚯蚓时，打开桶盖，可见水蚯蚓浮集于泥浆表面。捞取的水蚯蚓要用清水洗净后才能喂养。取出的水蚯蚓在保存期间，需每天换水 2～3 次，在春、冬、秋三季均可存活 1 周左右。保存期间若发现虫色变浅且相互分离不成团时，蠕动又显著减弱，即表示水中缺氧，虫体体质减弱，有很快死亡腐烂的危险，应立即换水抢救。在炎热的夏季，保存水蚯蚓的浅水器皿应放在自来水龙头下用小股细流水不断冲洗，才能保存较长时间。

(3)放养：以每平方米引入水蚯蚓 250～500 克为宜，若肥源、混合饲料充足时，多投放些种蚓，产量会更高。一般引种 15～20 天后即有大量幼蚯蚓密布上表。刚孵出的幼蚯蚓，长 6 毫米左右,像淡红色的丝线。当见到水蚯蚓环节明显呈白色时,即说明其已达到性成熟。

(4)日常管理

①培养基的水保持 3～5 厘米为佳。若水过深,则水底氧气稀薄,不利于微生物的活动,投喂的饲料和肥料不易分解转化;过浅时,尤其在夏季光照强,影响水蚯蚓的摄食和生长。水蚯蚓常喜群集于泥表层 3～5 厘米处,有时尾部露于培养基表面,受惊时立即潜入泥中。水中缺氧时尾鳃伸出在水中不断搅动;严重缺氧时,水蚯蚓离开培养基,聚集成团浮于水面或死亡。因此,培育池水应保持微细流水状态,缓慢流动,防止水源受污染,保持水质清新和丰富的溶氧。

②水蚯蚓适宜在 pH 5.6～9 的范围内生长,因培养池常施肥投饵,pH 时而偏高或偏低,水的流动,对调节 pH 有利。水蚯蚓个体的大小与温度、pH 的高低而适当变化,因此每天应测量气温与培养基的温度,每周测 1 次 pH。

③水蚯蚓生长的最佳水温是 10～25℃,溶氧不低于 2 5 毫克/升。

④进、出水口应设牢固的过滤网布以防小杂鱼等敌害进入,但在投饵时应停止进水。

⑤养殖期间,培养基表面常会覆盖青苔,这对水蚯蚓的生长极为不利,宜将其刮除。一般刮除 2 次即可大大降低青苔的光合作用而抑制其生长,连续刮 2～3 次即可消除。不能用硫酸铜治青苔,因为水蚯蚓对各种盐类的抵抗力都很弱。另外,还要防止泥鳅、青蛙等敌害的侵入,一旦发现应及时捕捉,否则将会大量吞食水蚯蚓。

总之,水蚯蚓养殖成功的关键,首先是水环境的好坏,其次是对药物的抵抗力及培养基的肥沃度。

6. 采收

水蚯蚓繁殖力强,生长速度快,寿命约 80 天。在繁殖高峰期,每天繁殖量为水蚯蚓种的 1 倍多,在短时间可达相当大的密度。一般在下种后 15～20 天即有大量幼蚯蚓密布在培养基表面。幼蚓经过 1～2 个月就能长大为成蚓,因此要注意及时采收,否则常因水蚯蚓繁殖密度过大而导致死亡、自溶而减产。通常在引种 30 天左右即可采收。采收的方法是:在采收前的头一天晚上断水或减少水流,迫使培育池中翌日早晨或上午缺氧,此时水蚯蚓群集成团漂浮水面,就可用 20～40 目的聚乙烯网布做成的手抄网捞取,每次捞取量不宜过大,应保证一定量的蚓种,一般以捞完成团的水蚯蚓为止,日采收量以能达每平方米 50～80 克为宜,即合每 667 平方米 30～50 千克。

(五)水蚤饵料的培育

水蚤是枝角类甲壳动物的俗称,隶属于节肢动物门、甲壳纲、枝角目,是一种小型的甲壳动物,也是淡水水体中最重要的浮游生物组成部分。体长一般为 0.2～3 毫米,身体侧扁,呈椭圆形,分节明显;具有两瓣被甲,包被于躯干部的两侧;第二触角十分发达,呈枝角状,为主要的游泳器官。枝角类不仅蛋白质含量高(占干重的 40%～60%),并含有蛙类所必需的重要氨基酸,而且维生素及钙质也颇为丰富,是蟾蜍蝌蚪培育阶段的理想活饵料。近年来大规模人工培育水蚤已经受到普遍重视。

水蚤的常见种类有 20～30 种。大型枝角类主要有大型蚤,体长 1.8～6 毫米,在我国各地的池塘、水坑、江河、湖泊、水库都有分布的主要有隆线蚤,体长 1.3～3.7 毫米;蚤状蚤,体长 0.9～3.4 毫米。

1. 生活史

水蚤的个体发育可以分为 4 个时期,即卵期、幼龄期、成熟期和成龄期。

(1)卵期:即卵在孵育囊中发育的时期,卵离开孵育囊即进入幼龄期。

(2)幼龄期:夏卵在孵育囊中发育成幼蚤后,脱离母体,成为第一幼龄;以后每蜕皮 1 次就增加 1 龄,同时身体显著地增长。幼龄期数因种类的不同而不同,蚤属种类一般有 3～5 个幼龄期。

(3)成熟期:这是介于最末一个幼龄期至第一个成龄期间单独的一个龄期。从孵化到性成熟所需的时间,因种类和温度而不同。在适温条件下,多刺裸腹蚤仅需 1～2 天;象鼻蚤需 2～3 天;蚤属一般要 4～6 天。

(4)成龄期:从孵化囊中出现夏卵以后,即进入成龄期。此时每蜕皮 1 次即产出一批幼蚤,但常常在最后的少数成龄期枝角类没有生殖力,不再产卵。

枝角类主要营单性生殖,也称孤雌生殖,只有在环境条件恶劣时才营有性生殖。由单性产出的卵,卵黄少,卵膜薄,称为"夏卵"。夏卵不需要受精就能在孵育囊内迅速发育并孵化出幼蚤。经 5～8 天后,幼体性成熟,再进行孤雌生殖,繁殖下一代。每个枝角类一生可产卵 10 余次,1 次产卵在 2～40 个,以 20～30 个最为常见。

当环境条件不适宜时,如种群数量过于密集、食物供应不足、水温较低等,单性生殖所产的夏卵中有一部分发育成为雌体,另一部分夏卵则发育成雄体,雌雄体这时营两性生殖。雌雄体经交配后,仅产生一两个或数个大的不透明的冬卵(也称休眠卵),冬卵必须经受精后才能发育。冬卵具有耐干燥及冰冻等保护性能而不至于受损伤。干涸池塘的边上及底部,常常布满这样的卵鞍

（冬卵外被的保护性壳称为卵鞍），待环境好转后重新发育，而孵化为雌体（即夏卵），再行孤雌生殖。因而在自然界中枝角类的生殖方式主要是孤雌生殖，它具有繁殖率高、繁殖速度快的优点；而有性生殖的方式，在天然水体中，1 年仅出现 1～2 次。

2. 生活习性

水蚤虽多系广温性，但通常在水温达 16～18℃以后才大量繁殖，培育时水温以 18～28℃为宜。大多数种类在 pH6.5～8.5 的环境中均可生活，最适 pH 为 7.5～8.0。水蚤对环境中溶氧变化有很大的适应性，培育时池水溶氧饱和度以 70％～120％最为适宜。有机耗氧量应控制在 20 毫克/升左右。

水蚤对钙的适应性较强，但是过量的镁离子（大于 50 毫克/升）对它的生殖会有抑制作用。人工培育的蚤类均为滤食性种类，其理想食物为单细胞绿藻、酵母、细菌及腐屑等。

3. 饲养方式

（1）休眠卵的采集、分离、保存和孵化

①休眠卵的采集、分离：枝角类的休眠卵大多沉于水底。据报道，休眠卵在海底从表层到 2 厘米深的海泥处，分布数量占总数量的 60％～100％，而深 6 厘米以上的海泥中未确认有休眠卵存在。因此，采集休眠卵，应从底泥表层到 5～6 厘米深处采集。方法是用采泥器采集底泥，将采集的底泥用 0.1 毫米的筛绢过滤，滤除泥沙等大颗粒杂质，然后放入饱和食盐水中，休眠卵即浮到表层，将其捞出即可。这样分离的休眠卵，可能混有底栖硅藻，给以后的计数带来麻烦。为了解决这一问题，可以用蔗糖水代替盐水处理。方法是：把用 0.1 毫米筛绢过滤后的休眠卵放入 50％蔗糖溶液中，用转速为每分钟 3000 转的离心机分离 5 分钟，卵即浮到溶液表层。这样分离的休眠卵，不仅干净（底栖硅藻全部沉

降),而且回收率高。一次分离回收率即可达 90%,2 次分离即可全部回收。

②保存:休眠卵的保存温度与孵化率有很大关系。保存温度越高,孵化率越低。实验还表明,在底泥中保存的休眠卵比在海水中保存的休眠卵孵化率高。此外,还可以用干燥、冷藏、冷冻的方法保存枝角类的休眠卵。

③孵化:枝角类休眠卵的孵化受生态环境因子的影响,盐度是影响孵化率的重要因子。不同的枝角类,即使同是海水种,其休眠卵孵化对盐度的要求也不同。水温对枝角类休眠卵的孵化率也有很大影响,在 18℃时孵化率最高。光照强度对休眠卵的孵化率也有一定影响。枝角类最高孵化率的光照强度一般在 1000～2000 勒克司。在最适生态环境中,休眠卵在 3～5 天内开始孵化,在 3 周内几乎全部完成孵化。

(2)饲养方式

①室内培养

绿藻或酵母培养法:培养容器主要是烧杯、塑料桶及玻璃缸。利用绿藻培养时,可在装有清水的容器中,注入培养好的绿藻,水色变为淡绿色时,即可引种。利用绿藻培养枝角类效果较好。但水中藻类密度不宜过高,一般小球藻密度控制在 200 万个/毫升左右,而栅藻控制在 45 万个/毫升左右即可满足需要;密度过高,反而不利于枝角类摄食。利用酵母培养枝角类时,应保证酵母质量。投喂量以当天吃完为宜,酵母过量极易腐败水质。

肥土培养法:培养器具主要有鱼盆、花盆及玻璃缸。如果用直径为 85 厘米的养鱼盆,先在盆底铺一层厚 6～7 厘米的肥土,注入自来水约八成满,再把培养盆放在温度适宜且有光照的地方,使细菌、藻类大量滋生繁殖。然后引入枝角类 2～3 克作为种源,经数天即可繁殖后代。其产量视水温和营养条件而有高有低。当水温为 16～19℃时,经 5～6 天即可捞取枝角类 10～15

克;当水温低于15℃时,繁殖极慢。培养过程中,培养液肥力下降时,可用豆浆、淘米水、尿肥等进行适时追肥。

粪肥加稻草培养法:用玻璃缸、鱼盆等作为培养器皿,在室内进行培养,这样受天气变化的影响较小,培养条件易控制。培养时,先将清水注入培养器内,然后按每升水加牛粪15克、稻草及其他无毒植物茎叶2克、肥沃土壤20克的比例加入培养器内;粪土可以直接加入,稻草则需先切碎,加水煮沸,冷却后再放入。加入肥料后,用棒搅拌均匀,静置2天后即可引种,每升水接种枝角类10～20个。接种后每隔5～6天施追肥1次,施肥比例同上,宜先用水浸泡,然后取其肥液施用。培养数天后枝角类就开始繁殖,随取随用,效果较好。

老水培养法:也用玻璃缸、鱼盆等作为培养器皿。采用鱼池子里换出来的老水,取其澄清液作为培养液。因为这种水中含有多种藻类,都是枝角类的良好食料,所以培养效果很好,但水中的藻类也不能太多,多了反而不利于枝角类的取食。

②室外培养

堆肥培养法:以混合堆肥为主。土地或水泥池都可以,面积大小视需要而定,一般大于10平方米,深度要达1米左右。注水70～80厘米,加入预先用青草及人、畜粪堆积并充分发酵的腐熟肥料,用量每667平方米水面500千克,并加生石灰70千克,有利于菌类和单细胞藻类大量滋生繁殖。7～10天后,每立方米水体接种枝角类20～40克作为种源,接种后每隔2～3天便追肥1次,经5～10天培养,见到大量枝角类繁殖起来,即可捕捞。捞取枝角类成虫后应及时加注新水,同时再追肥1次,如此便可连续培养、陆续捕捞。只要水中溶氧充足、pH 5～8、有机耗氧量在20毫克/升左右、水温适宜时,枝角类的繁殖很快,产量也很高。

粪肥培养法:以粪肥为主的培养方法。既可以用土池,也可以用水泥地。池子的规格,以面积10～30平方米、深1米为宜。

先往池中注入约 50 厘米深的水,然后施肥。用水泥地培养时,一般每立方米水体投粪肥(人、畜粪均可)1500 克,肥沃土壤 1500～2000 克作为基肥,以后每隔 7～8 天追肥 1 次,每次施粪肥 750 克。加沃土的目的是因为它有调节肥力和补充微量元素的作用。

若用土池培养时,施肥量则应相对增加,每立方米水体可施粪肥 4000 克、稻草 1500 克(麦秆或其他无毒植物茎叶均可)作基肥。施肥后应捞去水面渣屑,将池水曝晒 2～3 天后,就可接种,每立方米水体接种 30～50 克枝角类为宜,接种 7～10 天后,枝角类便大量繁殖。通常根据水色酌情施加追肥,若池中水色过清,则要多施追肥;水色为深褐色或黑褐色时,应少追肥或不追肥。一般池水以保持黄褐色为宜。

无机混合肥培养法:主要是用酵母和无机肥混合培养,适用于水泥池和土池,面积可大可小。每立方米水体施放酵母 20 克(先在桶内泡 3～4 个小时)、硫酸铵 37.5 克作为基肥。施基肥后,将池水曝晒 2～3 天,捞去水面漂浮物(污物),然后引种。引种数量以每立方米水体 30～50 克为宜。引种后每隔 5 天追肥 1 次,追肥量为基肥的 1/2。经 7～10 天后,枝角类大量繁殖时即可捞取,每隔 1～2 天,可捞取 10%～20%。当捞过数次以后,如果池中枝角类数量不多时,应及时添水和追肥,继续培养。

③工厂化培养:主要培养枝角类中繁殖快、适应性强的多刺裸腹蚤,这在国外最为常见。该蚤也是我国各地的常见品种,以酵母、单细胞绿藻进行培养时,均可获得较高产量。在室内工厂化培养时,采用培养槽或生产鱼苗用的孵化槽均可。培养槽容水量从几立方米到几十立方米不等,可用塑料槽,也可用水泥槽,一般规格为 3 米×5 米×1 米。槽内应配备良好的通气、控温及水交换装置。为防止敌害生物繁殖,可利用多刺裸腹蚤耐盐性强的特点,使用粗盐将槽内培养用水的盐度调节至 10‰～20‰,其他生态条件控制在最适范围之内,即水温在 22～28℃,pH 8～10,

溶氧量>5 毫克/升,枝角类接种量为每立方米水接种 500～1000 个。用面包酵母作为饵料,应将冷藏的酵母用温水溶化,配成 10%～20%的溶液后向培养槽内泼洒;每天投饵 1～3 次,投饵量约为枝角类湿重的 50%,一般在 24 小时内吃完为适宜。用酵母和小球藻(或扁胞藻)混合投喂,可适当减少酵母的用量。接种 2 周后,槽内枝角类数量便达高峰,出现群体在水面卷起漩涡的现象,从此可每天采收。如果生产顺利,采收时间可持续 20～30 天。

(3)培养管理

①用于培养的枝角类藻种要求个体强壮,体色微红,最好是第一次性成熟的个体,在显微镜下观察,可见肠道两旁有红色卵巢而身体透明,孵育囊内有冬卵。

②人工培养枝角类虽然工艺简单,效果显著,但种群的稳定性仍难以控制。为了便于管理,培养面积宜小而数量宜多,使总面积控制在 10～20 平方米。

③枝角类以孤雌生殖的方式进行繁殖,种群生长相当迅速,但环境条件恶化或环境变化剧烈时,枝角类即行两性生殖,繁殖速度明显减慢。因此,培养时应保持环境相对稳定,避免饥饿、水质老化及温度、pH 大幅度变化。

④充气:枝角类培养过程中,微量充气或不充气。但种群密度大时,必须充气。

⑤调节水质:培养枝角类水体的水质指标,主要有溶解氧量、生物耗氧量、氨氮量、酸碱度等。溶解氧过高或过低都会影响枝角类生长,有机物耗氧量在 38.35～55.43 毫克/升范围,最适宜于大型蚤的大量培养。大型蚤喜欢碱性水体,pH 在 8.7～9 最为适宜,pH 为 6 时亦不致阻碍其生长繁殖,但在低 pH 的水环境中,枝角类往往会产生有性生殖。水质的调节可以通过加入新水或控制施肥量来进行。

⑥控制密度:培养枝角类的种群密度,不宜太大,否则生殖率降低,死亡率增高。但是,种群密度太小,同样也不利于枝角类的生长。枝角类只有在适宜的种群密度时,生长量和生殖量才能达到最高限。控制枝角类的种群密度,一方面必须提供适宜的培养生态条件,另一方面对种群密度进行调整。如种群密度过小时,可增加接种量或浓缩培养水体;如种群密度过大时,可扩大培养水体或采用换水的办法稀释水体中的有毒物质。

⑦追肥:培养水体需要定期追施肥料,以保持枝角类饵料的足够数量。追肥量可以在基肥的基础上减半,另外还要根据枝角类的数量来调节。

⑧注意观察枝角类的状态,如果发现枝角类体色淡,肠道呈蓝绿色或黑色,夏卵数量明显减少且卵呈浅蓝绿色,出现大批雄性个体和附着冬卵的个体,种群幼体数量小于成体数量等现象时,都是培养不善而造成的,应采取果断措施改良培养环境或重新培养。

⑨ 培养池四周不应有杂草,杂草丛生不仅消耗水中养分,而且也会使有害生物繁殖。夏、秋傍晚时分,应用透气纱窗将培养容器盖严,以防蚊虫入池产卵。小型枝角类繁殖快,适口性好,可用较低浓度(0.03毫克/升)的敌百虫药液全池泼洒来控制大型蚤类的繁衍。

4. 采收

每次采收枝角类的数量应控制在池内现存量的20%～30%,一般可用手抄网采集成团的群体。生产结束时,为给下一次培养准备混种,可在培养达到较大密度时,在较高水温(25～30℃)条件下中断投饵数天,即可获取大量冬卵。冬卵经吸出后阳干,装瓶后用蜡封好,存放在冰箱或明亮干燥处。也可以不吸出,留在原培养器皿或池塘中,再次培养时,排去污水,注入新鲜淡水,适当施加合适的肥料,冬卵即会孵化。

(六)金龟子

金龟子是一种常见的林业害虫,其幼虫蛴螬(又称地老虎、地蚕),则是危害农作物地下部分的地下害虫,但是,利用多汁肥硕的蛴螬喂养蟾蜍,既开辟了一个新的鲜活饵料来源,又变害为利,一举多得。

1. 生活史

金龟子是变态昆虫,属鞘翅目龟甲科。多于每年 5 月中旬产卵,9 月下旬停止产卵。产卵期最适温度为 24~27℃,6~7 月最为旺盛。产卵地点则多在大豆地、花生地、薯地等垄间或松软肥沃的土地,通常产于地表下 6~10 厘米的耕层。卵产出后 20 天,则孵化为幼虫,即蛴螬。整个幼虫活动期通常在 6 月上旬至次年 4 月甚至更晚。严冬来临,幼虫在土内越冬,春天升温后重新开始活动。次年 4~7 月陆续蛹化,随后很快羽化为成虫,即金龟子,再于当年 5~9 月产卵。

在金龟子的整个生活史中,蛴螬活动时期最长,有利于做为饲料动物来利用。蛴螬身体肥嫩,体长一般 3~5 厘米,鲜重 3~6 克。幼体 1~2 厘米,体型呈圆棒状,体色乳白,有的略显暗灰,其体内饱含乳白色浓稠浆液,营养丰富。据测定,干蛴螬含粗蛋白质高达 70% 左右,是很有前途的动物性高蛋白饲料。

2. 生活习性

(1)成虫:白天在草丛、土堆等处隐蔽,晚上 7 时至凌晨 5 时,取食产卵、交配。每次产卵 1000~2000 粒,卵散产于土块、枯草及植物上。有趋光性。

（2）幼虫：1～2龄栖息在土表、叶心、叶背，昼夜活动，3龄以后，白天潜入土中，夜间出土为害。耐饥饿力强，自残性，3龄后可耐饿15天。

（3）蛹：干燥处筑土室化蛹，6～10厘米土层，耐淹。

3. 饲养方式

蛴螬的人工养殖，首先应考虑到金龟子的种源问题。金龟子成虫难以获取，且不能保证其具有很强的产卵能力。所以，人工养殖通常从成虫前一阶段即蛹开始。这样，既可十分方便地从野外收集（蛹期虫体静止不动），又可保证蛹羽化为成虫后产卵全部被收集于养殖箱中，保证高繁殖系数。

人工养殖蛴螬应注意以下几点：

（1）养殖箱：可用木箱或瓦缸制成简易养殖箱，要有透气顶盖，以防羽化后金龟子飞出养殖箱。同时，要求养殖箱有一定大小，以使饲养能达到一定规模。

（2）培养环境：蛴螬培养实际上分两个部分，即羽化成虫培养与蛴螬（即幼虫）培养。而整个培养过程几乎完成了金龟子的全部生活史。不同时期，培养环境要求不尽相同。蛹、卵期要求保持较高的温、湿度，而成虫期还要求大量适宜的青绿饲料供以食用，并防止羽化成虫逃出。幼虫期则要求有土壤条件供其营巢穴居，一般要在培养箱中铺垫湿土。

4. 饲料

羽化成虫期，应投喂新鲜树叶、禾叶或块根类作饲料，如玉米幼苗、土豆、红薯等，要经常投喂，保证箱内不断料。

幼虫期，蛴螬已大量孵出，应创造一个土壤环境，同时投喂腐熟有机质，一般以腐熟鸡粪最好，以1∶3或1∶4.5比例把鸡粪与湿土混合起来，投入箱中，进行幼虫养殖。为了方便可行，常在最初建箱投放蛹种以前,用这种混合土把箱底垫好。

5. 采收

幼虫期培养经 1～2 个月后即可开始大量收获。一般投喂的蛴螬虫体不要太大,可以适当早收。当然也可以随投随收,因为蛴螬采收简单,只需翻扒土层,用镊子夹住捡出即可。

(七)草履虫饵料的培育

草履虫是一种单细胞原生动物,在水中生活,是蟾蜍小蝌蚪的优良饵料。

1. 生活史

一种身体很小,圆筒形的单细胞动物。草履虫通常都发生无性的分裂生殖。起初 2 个细胞核伸长,慢慢地在身体的中央部分向里凹进去,逐渐变成像蜂腰的样子。最后在蜂腰的地方断开,变成了 2 个新的草履虫。

2. 生活习性

体长 0.15～0.3 毫米。一般生活在湖泊、坑塘里,在腐殖质丰富的场所及干草浸出液中繁殖尤为旺盛。适宜温度为 22～28℃。草履虫习性喜光。

3. 饲养方式

取干稻草切成小段或稻草绳约 70 厘米长的整段或剪成若干小段,直接浸泡于水中或煮后浸泡,用稻草浸出液作为培养液。将煮过的稻草与水一起置于玻璃缸中,再加水约 5 升,水占玻璃缸容积的 2/3 以上,然后到腐殖质丰富的池塘去取种源(其水体应比捞红虫的坑塘水体要清)。舀回一桶水,取部分水体装入无色透明的小瓶内对着阳光仔细观察。可见有白色小点悬于水中。如果看不见白色小点,可用力搅旋桶内水,再取中央部位的水装入小瓶,对准光线看有无白色小点,如果有白色小点悬浮于水中漂游不定,可将此水倒入培养液中。将玻璃缸置于光照比较充足的地方,在水温 18～24℃ 的情况下培养 6～7 天,草履虫便大量繁殖。

4. 采收

如果草履虫繁殖数量达到高峰时不及时捞取,导致培养缸内数量过大,次日便会发现有大量草履虫死亡,故一定要每天捞取。捞取量以 1/4～1/2 为宜。同时补充培养液,即添加新水和稻草浸出液。如此连续培养,连续捞取,就可以不断地提供活饵料。

(八)摇蚊幼虫饵料的培育

全世界公认最优良的热带鱼活饲料是摇蚊幼虫(又称血虫)。因为它有许多优点,如营养丰富,清洁不染泥污,带菌机会少,无混入其他寄生虫的机会,既能在水中浮游,又能沉着水底爬行,是蟾蜍蝌蚪期的优良饵料。

1. 生活史

摇蚊生活史的发育全过程,是完全变态的发育,即卵孵化后经幼虫期、蛹期才羽化为成虫。在 20～25℃ 的条件下需 4～5 天才完成发育。在发育过程中,幼虫沉入底泥造巢,蛹升起在水面羽化,在水底和水中生活,恰好可以成为蝌蚪的天然饵料。

(1)卵:初产的卵块,长 3 毫米左右,呈褐色,一接触水就会立即膨胀,5～20 分钟后就可以胀大 5～6 倍,达到 12～18 毫米。卵的孵化时间与水温呈正相关。在适宜的水温范围内,水温超高,孵化率越高,孵化时间越短。试验表明,在水温 7℃ 以下,卵块发育至中途就死亡;在 7～8℃ 时,孵化时间为 110～120 小时;10℃ 时,孵化时间需 95～105 小时;15℃ 时,孵化时间需 70～75 小时;20℃ 时,需 45～50 小时;25℃ 时,需 35～40 小时;30℃ 时,需 28～33 小时;35℃ 时,需 24～30 小时;40℃ 以上时,会很快死亡。

(2)幼虫:幼虫呈淡茶色,体透明,长 0.76～0.78 毫米。趋光性强,利用这一特点可将卵块与幼虫分离出来,只收集幼虫加以培养。幼虫的形态为圆柱形,呈鲜红色,孵化时的大小经过 4 次蜕皮,最大体长约达 13 毫米,幼虫在 20℃ 的条件下 1 周就可以变态成蛹。

(3)蛹:最大体长达到 13 毫米的幼虫,体长开始缩短,逐渐变为 7～9 毫米的蛹。到了蛹期时,生殖腺明显发达,外部性征明显,通过测量可以把体长、体宽大的看成是雌的,体长、体宽小的看成是雄的。

(4)成虫:蛹经 1～2 天羽化即成为成虫。羽化时间,在 11～25℃ 时需 30～50 小时,在 20～35℃ 时需 20～25 小时。雌性在羽化后 2～3 天便可产卵,进行下一代的繁育。

2. 生活习性

(1)摇蚊形态特征:摇蚊的形态与普通蚊子相似,但翅无鳞片,足也较大,静止时前足一般向前伸长,并不停地摇动,故名摇蚊。头部腹面有一舐吸式口器,对人体无害。

(2)群飞交尾习性:摇蚊成虫白天停栖在树荫、桥洞、屋檐下、水沟中和湖沼附近繁茂草丛的背阴面等阴暗场所,在日出前后 0.5～1 小时和日落前后 1.5～2 小时的弱光照射下,成群地在树木、房屋、物体的上面、侧面、近旁处飞行,通常把这种群飞叫做蚊柱。蚊柱的形成可分为初期、盛期和结束期,并观察到形成蚊柱的成虫绝大多数是雄虫。远处的雌蚊向着蚊柱飞来,当它们一个个接近蚊柱时即行交尾,而且在瞬间完成。

(3)产卵习性:雌性摇蚊在产卵时,先在水面附近飞行,后落在物体的近水面处,头部向上垂直不动。通常雌蚊在静止状态时是用中肢和后肢支撑身体,前肢向上举,但是产卵时却用前肢与中肢支持身体,后肢向上挺,使腹部弯曲。产卵开始时,卵块的一端附着在后肢的基部附近,延伸腹部将卵块逐渐挤出。产卵一结束,就将卵块的一端固着在后肢胫节的基部附近,移动全肢后退,将卵块拖入水中。产卵过程约3分钟,慢的需6分钟。雌蚊产卵后12~24小时即死亡。

3. 饲养方式

(1)简易养殖:采捕自然摇蚊幼虫,消耗人工多,筛选复杂,生产能力低,很难形成规模生产,经济效益差。因此,开始转向人工养殖,采取造田育虫。主要步骤为:干田、晒田、石灰杀虫消毒、施肥、灌水、放虫种。摇蚊的成虫不吃东西,但幼虫则要从水中及软泥中吸收营养。如果在繁殖的水田施入充足的有机肥料,可以促进其生长。最有效的有机肥为鸡粪,用鸡粪培养出来的摇蚊幼虫特别鲜红幼嫩,生命力强。

一般水深20~30厘米就够,每667平方米每月平均收获量为200千克。用4公顷水田作为一个生产单元,每天可供应150~300千克。

每块虫田生产若干周期后,就要清田1次。因为水质太肥会滋生各种小生物,与摇蚊幼虫争夺营养,甚至以摇蚊幼虫作为食物,令生产大减,于是惟有放水清田,杀虫消毒,从头做起。

(2)人工精养

①人工采卵:用专用的人工采卵箱完成。人工采卵箱的大小、摇蚊的生物密度与性比、温度、湿度、照明和成虫的饵料等,都

是在人工采卵时必需考虑的条件。

采卵箱：采卵箱的大小为 1 米×1 米×2 米，用 4～5 厘米的方杉木做箱架，外面挂有防蚊用的昆虫网，其上覆盖透明塑料布，以便保持箱内的湿度和从外面进行观察。

摇蚊的个体密度与性比：采集摇蚊成虫或幼虫置入采卵箱，其个体密度是影响受精率的主要因素之一。在密度为每立方米 2000 个以上时，可获 80% 以上的受精率；随着密度的增加，受精率也增加，当密度为每立方米 4000 个时，受精率达到 90%。性比是重要的生物学条件之一，摇蚊雌、雄等量或雄性稍多于雌性是最适条件。所以，在采卵过程中要注意补充雄性个体。

温度：温度最适范围为 23～25℃，当温度低于 20℃或高于 28℃时，受精率骤降。这时，可以通过人工加温来解决。一般是在采卵箱内放置 2 盏 40 瓦的灯泡增温，并用定温继电器控制。

湿度：湿度是交尾的必要条件。湿度在 90% 以上可得到 80%～85% 的受精率，湿度小于 80%，受精率下降至 20% 以下。湿度可由采卵箱中的喷水器调节控制，并用箱外塑料布防止水分蒸发。

照明：科研结果表明，间歇照明的最佳条件是在 24 小时中 4 次断续照明。每次关灯 30 分钟，每次为 5.5 小时的间歇照明，此时的受精率都在 80% 以上。在照明时开始产卵，照明 2 小时内产出的卵数为总产卵数的 60%。

饵料：饵料置于采卵箱中的面盆或喷洒在悬挂于采卵箱中的布幕上。成虫饵料为 2% 的蔗糖或 2% 的蜂蜜或两者的混合液，都能获得较高受精率。

用上述采卵箱采卵，采集受精卵块可持续的天数为 12～15 天，1 天最高能得到 400～750 个卵块（平均 100～120 个）。1 个卵块中的卵粒数平均为 500～600 个，则每天能采 10 万个个体，2 周后可得到 140 万个个体，约合 7 千克幼虫。

②培养基

琼脂培养基:将琼脂溶解于热水中,配成 0.8％的琼脂溶液,冷却至 50℃以后再加入牛奶。根据牛奶的添加量来添加蒸馏水,使琼脂浓度最后调整为 0.75％。然后将培养基溶液 25 毫升倒入直径为 90 毫米的玻璃皿中冷却,使琼脂凝固,在上面加 10 毫升蒸馏水。

黏土-牛奶培养基:取烧瓦用的一定量的黏土,加入 10 倍重的蒸馏水,在大型研钵中研碎,使之成为分散的胶体状,除去砂质后,用 117.68 千帕(1.2 千克/平方厘米)的高压灭菌器灭菌 30 分钟,冷却后加入牛奶,便会迅速凝集,黏土粒与牛奶一起形成块状的沉淀,即可当作幼虫的培养基。

黏土-植物叶培养基:取杂草或桑叶或海生大叶藻,加适量海砂和水,把植物叶子在研钵中磨碎,用 50 目筛绢网过滤挤出植物碎液,静置后取出植物碎液中的细砂。然后在黏土溶液中加入适量氯化钙,再加入植物碎液,就同牛奶与黏土一样发生凝集,直至上澄液不着色、不混浊时,等待 10~20 分钟后倾倒出上澄液,加入蒸馏水进行振荡,再静置 10~20 分钟后,除去上澄液,如此反复 2~3 次后,将沉淀部分适当稀释便可供作培养基。

水沟泥培养基:从下水沟或养鱼塘采集鲜泥土,去掉其中的大块垃圾,加入等量的自来水搅拌,静置 30 分钟后倒掉上澄液,这样反复进行 1~2 次,除去下水沟泥的悬浮物。用高压锅高压灭菌 30 分钟,冷却之后倾去上澄液,加入适量蒸馏水即可当培养基。

上述 4 种培养基的共同特点是两相培养基,即培养基底部是固体物质的黏土、牛奶、植物碎叶或下水沟泥的沉淀物,培养基的上部是水基蒸馏水。

(3)培养方法

①接种:用人工所采虫卵和人工培养基饲育的摇蚊幼虫,经

60 目筛网选出体长 3～4 毫米的幼虫于盆中，1～2 天加入蒸馏水，再移入筛网用蒸馏水冲洗干净之后，把水分流干，将幼虫接种在培养基上。

②静水培养法：用直径 90 毫米的培养皿盛装培养基时，把大于 3 毫米的摇蚊幼虫接种于器皿中培养。这种静水培养可一直培养到蛹化前即可采收，具有操作容易的优点，但是这种培养法由于得不到充足的氧气保证，培养基容易变质，产量远不如流水培养法。

③流水培养法：用 33 厘米×37 厘米×7 厘米的塑料容器或直径为 45 厘米的圆盆，在其底部放入厚度为 10 毫米的沙层，在沙层上面铺上黏土-牛奶培养基，每 3 天添加 1 次；从容器的一端注入微流水，从另一端排水。这样，即可用孵化后 24 小时的幼虫进行流水培养。流水可以起到排污和增加氧气的目的，培养结果比静水培养的好。

④体长小于 3 毫米的幼虫培养：体长小于 3 毫米的幼虫的口器发育尚未完成，对各种外界环境的抵抗力弱，更不可能抵抗 0.1 米/秒的流水速度，因此不能采用流水培养法。其培养方法是：在 500 毫升的三角烧瓶中，注入半瓶水，加进 50 毫升的培养基，将要孵化的卵块放进烧瓶里；用气泡石通气，每分钟通入 800～1000 立方厘米的气体；温度以 23～25℃为宜。利用这种方法培养，卵块会顺利孵化，4 天后体长可以达到 3 毫米，这时就可放入流水培养器中继续培养了。

4. 采收

(1)从泥污中分离摇蚊幼虫：虫卵一经孵化后，幼虫就各自在水底的浮泥打一个洞穴而居，从水面看下去，一片平滑的浮泥布满了许许多多小洞穴，每一个洞内有 1 条幼虫。可以采用下面的方法把摇蚊幼虫从泥浆中分离出来。

砌一个宽 1 米、长 5 米、高约 1 米的水池作为摇蚊幼虫的养殖池。池的一头连着进水槽,由抽水机不停地将清水抽入水槽,流入水池中,达到一定深度后,水从另一头溢水口溢出,让池水维持 90％的满溢状态。准备若干用尼龙蚊帐纱制成的索口袋子,把准备好的泥浆装入袋子中,每袋约 5 千克,然后把索带收紧,挂在横搁在水池上的竹竿上。经过 2～3 个小时,让摇蚊幼虫在不受惊扰的环境下,陆续地从袋中钻出来,掉在水池里,池下预先布下一张布帐,然后再把布帐抽起,里面就是比较纯净的幼虫,含泥只有 5％。然后用含有氯气的自来水来冲漂,让幼虫受到轻微的刺激而不再死抱着浮泥,可使纯净率达到 98％。

(2)苗种的贮存:苗种的贮存包括受精卵和幼虫的贮存两个方面。

①卵的贮存:在贮存前须经显微镜检查,挑出刚产出的未发育的卵立即进行 5℃的低温贮存,并加抗生素防止霉菌对卵块的侵染。适宜的抗生素是链霉素,浓度为 5 毫克/毫升,可保存 14～20 天;青霉素的浓度为 2000 单位/毫升,可保存 12～13 天。

②幼虫的贮存:贮存用水必须是无盐分的。贮存方法以幼虫放入沙中贮存的方法最好。在低温和微流水条件下,贮存天数可达 40 天,而且这时活体重量的减耗率仅为 5％。

投喂热带鱼的摇蚊幼虫,可用简易的贮存方法,即可放入瓷盘或木盆中,下面垫有浸湿的纱布,上面覆盖鲜嫩的蔬菜叶子、在 3～5 天内可保持住肥满度和鲜红的体色。

第六章 蟾蜍病害防治

蟾蜍类一般很少发病,但随着生态环境条件如气候、水质的恶化,以及高密度集约化养殖、饲料种类与质量的影响,为疾病的发生创造了条件。为了搞好蟾蜍类养殖,减少疾病的发生,采取一定的防治措施还是非常必要的。

一、病害的预防

(一)病害的发生

蟾蜍从蝌蚪到成蟾都可能发病,但得病必有原因,无缘无故是不会发病的。所以,当其发病时,必须查清发病的原因。

1. 发病的原因

(1)有病原体来源,并要达到一定数量:病原体是致病的根源,这是最首要的因素。没有寄生虫,是不可能有寄生虫病的。病原体数量很小,即使侵入蟾体,也不致引起机能紊乱而致病。只有当病原体大量繁殖,数量达到相当程度时,病才会发生。

(2)病原体的传播:病原体的存在,只是具备了疾病发生的首要条件,但如果病原体不能由携带者转移到健康者体上疾病也就不可能发生,更不会流行。因为病原体可以从病体传播给健康体,因此,蛙类也会流行传染病。

(3)蛙体对该病原体易感:蛙体并非对所有鱼病都易感。只有当它的某些群体(如蝌蚪、幼蛙)碰到了某些疾病类型时,才会发病。

(4)外界环境条件可促使疾病发生:外界环境条件往往会出现促使病原体生长、繁殖的情况,当外界环境条件发生变化,不利于蛙群正常活动、生长时,就会出现发病的高峰。

2. 引发疾病的常见因素

(1)池塘长期不清整,池边杂草丛生,为病原体繁育生长提供了条件;或清塘不彻底,病菌及寄生虫没有有效杀灭,随后又繁衍致病。

(2)投喂的饲料不清洁,不新鲜,或饵料本身带有蛙体易感病菌或寄生虫,致使病原体进入蛙体,引起疾病。

(3)放养种苗时,未经严格检疫消毒,带入病原体;或种苗成体本身质量不高,体质弱,不具备必要的抗病能力。例如,拉网、捕捞、运输等过程中的机械损伤,伤口暴露,则很容易受病菌感染。

(4)当集约养殖投放密度过大,或者饲养管理不善时,都会因蛙体生长发育受阻而抵抗力减弱,导致对疾病易感。

(5)病体、死体未能及时清除,并未妥善处理,会使得病原体二次感染或交叉感染的机会大大增加。

(6)气温太高,致使水温高,加速池中有机物分解及水生生物生长,消耗氧气,致使种群出现缺氧、窒息,机体代谢受损。

(7)鱼池设计不合理,也往往成为蛙病的罪魁祸首。如池塘无独立通畅的排灌水系统,老水循环,病原体一旦存于水中,则难以消除并重复传播，诱发疾病流行；而且，池塘设计有疏漏，还会使水质恶化，利于病菌和寄生虫的繁殖、生长。

（8）其他生物、非生物传播病原体。如投入池塘的粪便传入寄生虫、病菌，吃蛙的鸟、兽传带疾病等。

（二）病害的预防

蟾蜍疾病多种多样，病因也错综复杂，因此治疗的方法也很多。总体归纳起来可分为两大类：一种是平时预防措施。主要是加强饲养管理，改善生态环境，经常预防消毒。另一种是发病时及时治疗、及时控制传染源、消除病因、合理进行药物治疗。这两类方法统称综合性防治措施。实践证明，仅依靠某一单独的措施是不能完全控制蟾蜍疾病的，综合性防治措施主要包括以下内容。

1. 蟾蜍场的建设必须符合防病要求

蟾蜍场的水源要无污染。有害的被污染的水会损害蟾蜍的健康，水体传染疾病很快，因此水源一定清洁无污染。

2. 加强饲养管理，增强蛙体抗病力

（1）合理放养：土池、网箱内放养密度应适当，蟾蜍规格应一致，密度过小或过大会使单位面积产量减少，或蟾蜍抗病力下降。

（2）保证蟾蜍的摄食量和饵料质量：实践证明，饵料的质量和投饵方法是增强蟾蜍体质和抗病力的重要措施。为此应坚持"四定投饵"。

①定质：饵料应营养全面、新鲜、适口性好，不含病原体及有害物质。

②定量：根据季节、蟾蜍体大小及数量、投喂足够的饵料、切

忌过多过少,饵料盘及时清洗防止污染。

③定位:不论何种养殖方式都要设置饵料盘,或固定投饵区,便于蟾蜍养成到固定地点摄食习性,以利于掌握蟾蜍摄食量的变化,观察蟾蜍的活动,消除残饵,施入药物。

④定时:定时投饵可随季节气候的变化适当调整。

(3)加强日常管理

①在引进种蛙前,要调查种源场是否有病情,绝不在有疫情时引种。在购入、捕捞放养、转池时,对其使用的器具、放养的环境及要放养的蟾蜍体均要进行消毒。

②定期对栖息环境消毒,禁止使用有污染的水源及饲料。对进入场内的物资、车辆、用具等,要严格消毒,以免带进病原引发疾病。

③夏季要防暑降温,搭建荫棚,冬季防寒防冻。

④保证提供营养全面、充足的饲料,不饲喂霉败变质饲料,提供适宜的生存环境如水温、水质等条件,提高蛙体自身抵抗疾病的能力,防止疾病的发生。及时清除污物及敌害,随时清洗饵料盘,清除残余饵料。

⑤发生疫情时,要迅速更换池水,对栖息环境封锁消毒,切断传播途径,防止疾病扩大蔓延。在治疗上,要收集各方面有价值的材料,正确诊断,对症下药,掌握正确药用途径和使用剂量,采取积极有效的措施,及时控制病情,彻底治疗,同时加强饲养管理,使其尽快康复。不能治愈的个体坚决淘汰。

⑥定期巡视,密切注意蛙体活动情况,发现情况及时处理。保证场内围墙、隔离墙及各种设施的完好,防止蛙串池和敌害的侵入,发现敌害及时驱除或捕杀。

⑦捕捉蟾蜍时严防身体受伤。

3. 改善生态环境

①土池要符合要求：要满足 80％～90％空气湿度及土层
20％含水量，温度要控制在 20～25℃，箱池内的隐避物要设置合
理、水质要清洁无污染，及时翻新底部的腐殖土以加速粪便消化，
每天注意增湿。

②对已经用过的土池，定期消毒处理，最好是清洗后（用石灰
水），阳光曝晒。

③严格检疫：检疫是防止疾病传入的重要措施。蝌蚪或蟾蜍
从外地引进应采用多种方法进行诊断，目前主要方法是肉眼检
查。如发现蟾蜍在体色、体表完整性、摄食、活动、精神状态等方
面有异常表现或明显病态，应严禁入场。

4. 药物预防

蟾蜍疾病的药物防治目前主要是采用有抗病原体作用的药
物来进行预防治疗。在未发病时应有计划地应用药物来抑制和
杀灭正常蟾蜍体及其所接触的环境、用具、饵料上的病原体，以防
止疾病的发生。

二、病害的诊断

诊断的目的是尽快认识疾病的性质，以便采取及时而有效的
防治措施。蟾蜍疾病有些病例因还没有完全明了，加上蟾蜍病症
表现较为简单，很多不同的病因引起病症在症状上难以区分，而
实验室诊断较为繁杂困难。但同所有的动物病症诊断一样，蟾蜍
疾病的诊断也可按病因的调查与访问、临床诊断、病理学诊断、病

原学诊断、血清学诊断的程序进行。在具体诊断蟾蜍疾病时,有些病仅用1～2种方法就能做出诊断,如蝌蚪气泡病一般通过观察病蝌蚪和水质就能诊断,而细菌性败血症就必须进行实验室诊断方能准确查明是何种病原引起的。但必须注意的是诊断依据虽是准备采用何种防治方法的指南,但有些病的准确诊断是困难的,千万不能等待诊断清楚了再采用防治措施,这将会使疾病从小变大,由轻变重,造成不应有的损失。只有边诊断边治疗才能避免更大的损失。

1. 肉眼检查

本法主要是在发病现场对患病蟾蜍进行诊断,其手段主要是用眼睛直接观察。蟾蜍由于大多数时间是隐藏于阴凉的低温下,有代谢率低的特点,使病蟾蜍在患病初期不易诊断出来;随着病情发展,病蟾逐渐显露出易于被觉察的症状,如精神不振、离群、不怕惊扰、体色异常、食欲下降、拒食,这些症状很多病蟾都可能表现,称为一般症状。根据一般症状可对全群蟾蜍进行观察,从而对蛙病的性质及程度进行初步估计,然后对患病蟾蜍个体进行全面检查,力求发现一些具有诊断价值的特征性症状。

一般检查步骤是:先观察精神是否异常,其姿势、体色、皮肤光泽度、接着仔细检查病蛙的头部、吻端、口腔、眼睛、背部、胸腹部和四肢皮肤的完整性及颜色,胸腹部的隆起度,肛门是否脱出,体表有无寄生物。例如蟾蜍表现东爬西窜,极度不安,则可能是胃肠炎的表现。再如,蟾蜍在用手刺激时缩头弓背,呈兴奋状,向一侧运动,则可能是旋转病。头顶部有圆形或长条形白色病变可能是白点病。腹部异常膨大,叩击时有水样,多见于水肿病。某一肢或四肢红肿与其他肢形成鲜明对照,可能为肿腿病。眼睛变为灰白色,视力消退、失明、皮膨胀,有溃烂可能为腐皮病。蛙体有肥胖感、体色逐渐变浅、多为传染性肝病。

　　总之,根据蟾蜍症状的种种表现,尤其是上述疾病的特殊表现,基本可以做出诊断。体表进行初步诊断以后,第二步就要进行解剖,观察内部器官的情况。一般先用剪刀从肛门处向前剪到头部,仔细观察肝、食道、肠、胃、性腺是否正常。患有肠胃炎的成体或蝌蚪,肠胃无食物,有明显的充血和炎症,肛门红肿等症状,肝脏颜色不正常,发炎或充血,也是疾病的明显症状。

2. 病蛙的剖检

　　对患病蟾蜍解剖在确诊多种疾病方面有重要的作用,特别是对外伤、消化道疾病、肿瘤有重要意义,许多传染病从内脏器官的变化上可以辨认出来。

　　解剖病蟾要及早进行,对于死亡较久或发生腐败的蟾蜍,病变组织已经发生变化,难以反映真实情况,最好剖检临死蟾蜍或刚死蟾蜍,对疑似传染性蟾病,为防止其继续流行,应及早处死,症状明显的病蟾要尽早诊断。

　　解剖病蟾,首先是沿腹中线,剪开皮肤,蟾蜍皮肤与肌肉容易分开,先观察肌肉是否出血,淋巴间隙是否有沉淀,观察肌肉是否被胆汁黄染,然后沿肛门向前剪开肌肉直至胸骨处,再从胸骨右侧剪开胸腔,使内脏器官充分暴露,逐个检查各器官系统的病变,很多疾病的病变是有价值的。如传染性肝病,胃肠道多数有较多黏液,肝脏出血或肿大坏死。肿腿病的病蛙其患肢肌肉严重出血或溃烂。如要检查胃肠道寄生虫,可将胃和肠道剪下,放在一玻璃皿或大容器中,小皿内盛上清水,并将此小皿放在黑纸上,将胃肠道用小剪剪开,消化道的寄生虫会进入水中,易于检查。

3. 实验室诊断

　　实验室诊断是最终确定蟾蜍疾病的主要手段,实验室诊断方法很多,主要是在临床诊断及剖检基础上,对所怀疑的疾病进行最后确诊。例如,怀疑是细菌引起的,应将蟾蜍的肝脏、心肝、肾脏、脾及血液等组织进行涂片、染色、镜检,检查出幼细菌的种类。送检的蟾蜍应是临床症状明显、还未死亡的蟾蜍,因为蟾蜍死亡之后其体表、消化道极易被细菌污染,因此必须保证送检材料的可靠性。如果检查出细菌,则多数情况下可确定为病原菌。再经过抗生素的治疗,达到预期效果,则可确认是细菌性疾病。如果要进一步鉴定细菌的种类,则必须进行细菌的分离培养,并进行毒力试验,以确定其致病性,然后进行形态和生理、生化实验以鉴定其生物学特性,并确认其分类地位,如需进行快速诊断或血清型鉴定则利用各种血清学反应。如抗生素治疗无效,则应怀疑是病毒引起的,则应将除菌过的含病毒被检材料接种健康蟾蜍;如被接种的蟾蜍表现出类似自然病例的症状,则可初步确定为病毒病,然后进行电镜观察,是否发现病毒颗粒,再进行血清学试验和病毒形态学及各种生物学检查,以确定病毒的种类。如果想检查病变的程度和性质,则可将被检材料用甲醛固定,再经石蜡包埋切片,染色后用显微镜观察,然后作出判断。如怀疑是营养代谢病或水体问题,则应将饵料和水质进行营养成分或毒物分析,以确认是否为营养缺乏或过剩或中毒性疾病。

三、疾病防治常用药品

(一)消毒药

这类药物主要是一些氧化剂(高锰酸钾、硫酸亚铁)、碱类(生石灰)、氯制剂(漂白粉、优氯净、强氯精)等药物,它们对于病原体和机体的组织细胞都有损伤,所以不能让它们进入林蛙体内,其只能用于体表及环境的消毒与灭菌来达到消灭病原微生物的目的。

1. 养殖池塘面积和用药量的计算

要准确计算出药物的需要量,应先计算出池塘的水体积。

(1)池塘水体积(立方米),池塘面积(平方米),平均水深(米)。

1 立方米=1000 升,1 升=1000 毫升,1 克=1000 毫克。

(2)所需用药量(毫克)=池塘水体积(升)×需要药物的浓度(毫克/升)

(3)池塘水面积(平方米)的计算

①长方形或正方形的池塘水面积(平方米)=水面长(米)×水面宽(米)

②圆形的池塘水面积(平方米)=$\pi \times R^2$。

式中:π 为常数=3.1416;R=池塘半径(米)

③三角形的池塘水面积(平方米)=1/2h(米)×b(米)

式中:h=高(米);b=底边(米)。

④如遇到不规则的池塘,可先把池塘分成若干个比较规则的不同形状(如长方形、正方形、三角形等),再分别测得各部分形状面积,然后将其相加即为总面积。

(4)测定池塘水深时,先要测得池塘较深部分和较浅部分水深,然后计算平均水深。

2. 清池消毒

(1)生石灰:本品为灰白色,块状,在空气中易吸收水分,而逐渐变成粉状熟石灰,再吸收空气中二氧化碳变成无效的碳酸钙,生石灰在水中与水结合,成碱性较强的氢氧化钙,对水体中的细菌、寄生虫、水生昆虫等具有杀灭作用。常用于蝌蚪池、饲养场地的消毒、清池,用后 1 周可以投放蝌蚪或成体。有干法和带水消毒两种方法。

①干法消毒:选择晴天,将池内放深 10 厘米左右的水,按每平方米加生石灰 120 克计算,将生石灰用少量水溶化并搅匀,均匀泼洒入池,并用池内石灰水泼洒池壁消毒,7～10 天毒性消失。

②带水消毒:池内放水 1 米深,按每立方米水体加入生石灰 250 克计算,将石灰加入少量水溶化搅匀,均匀泼洒全池,10 天左右毒性消失。毒性是否消失,可先放养少量蝌蚪或小鱼 24～48 小时,无异常现象,证明无毒,即可种养水生动植物,放养蛙。

(2)漂白粉:本品为灰白色粉末,有氯臭味,微溶于水,呈浑浊状,本品中含有 25% 左右的有效氯,在水中能生成有杀菌能力的次氯酸和次氯酸根离子,对细菌、病毒、真菌均有杀灭作用,漂白粉稳定性差,受潮、日光均可使其迅速分解失效,可用于水体消毒。有干法和带水消毒两种方法。

①干法消毒:将池内放约 10 厘米深的水,按每平方米加 15 克漂白粉计算,用少量水将漂白粉搅匀,均匀泼洒入池,并用池内漂白粉水泼洒池壁。3～4 天后毒性消失。

②带水消毒:将池内放约 1 米深的水,按每立方米池水加 10 克漂白粉计算,用少量水将漂白粉溶解搅匀,均匀泼洒全池。5 天左右毒性消失。

(3)茶枯清塘:茶枯就是茶饼,是山茶科植物油茶等果实榨油后留下的渣饼,来源很广,是南方许多地区常用的十分有效的清塘药物。它含有溶血性毒素——皂角甙,能杀死全部野杂鱼、部分昆虫及蚂蟥等,但不能杀死细菌。用法用量是在平均水深 0.5 米的情况下,每亩水面用鲜枯 20～25 千克。用前将其砍碎,并加水浸泡(20℃水中浸 48 小时),然后将小块搓成颗粒,加适量水均匀撒布全池即可。

3. 池水和用具的消毒

(1)生石灰：按每立方米池水加生石灰 25 克，用少量水溶化后，均匀泼洒入全池。

(2)漂白粉：按每立方米水体加入漂白粉 0.6 克计算，用少量水溶解并搅匀，均匀泼洒入池。用具消毒时，浓度为 5%，浸泡 10 分钟。

(3)高锰酸钾：按每立方米水体加入 8 克计算，溶于少量水后，均匀洒入全池。用具消毒时 20×10^{-6}，浸泡 $10\sim20$ 分钟。

(4)硫酸铜：疫病期池水消毒，浓度为 1.4×10^{-6}；用具消毒浓度为 10×10^{-6}，浸泡 $10\sim20$ 分钟。

(5)铜铁合剂(硫酸铜：硫酸亚铁＝5：2)：按每立方米水体加入 0.7 克计算，加少量水溶解后泼洒入池。食场和食具消毒按每立方米水加 7 克铜铁合剂计算，用少量水溶解后，倒入水内搅匀，泼洒食场或浸泡食具消毒。

(6)市售消毒剂：如双季铵盐、含碘消毒剂等均可用于池水、陆地场所及用具的消毒，严格按说明使用。门口消毒池内的消毒用水，可用生石灰按清池消毒浓度配制。陆栖场所的消毒可用生石灰按池水消毒浓度配制。

4. 蛙体的浸洗消毒

(1)漂白粉：主要用于感染细菌性疾病时蛙体的浸洗消毒，浓度为 15×10^{-6}，浸洗 10 分钟。

(2)高锰酸钾：主要用于霉菌、原生动物引起的皮肤病的消毒，浓度为 10×10^{-6}，浸洗 $1\sim2$ 小时。

(3)新洁尔灭：用于细菌感染所致的皮肤病，如烂皮病，使用浓度为 0.02×10^{-6}，24 小时浸浴。

(4)铜铁合剂(硫酸铜：硫酸亚铁＝5：2)：主要用于霉菌病、

寄生虫病,浓度为 0.7×10^{-6} ,浸洗 10~20 分钟。

(5)硫酸铜:细菌性疾病、寄生虫感染时用于浸洗消毒,浓度为 0.7×10^{-6} ,浸洗 10 分钟。

(6)食盐-小苏打(1∶1):主要用于霉菌感染,浓度为 1‰,浸洗 10~20 分钟。

(7)盐水:用于细菌性感染,浓度为 2‰~4‰,浸洗 15~20 分钟。

(8)氯霉素:主要用于各种细菌感染,浓度为 30×10^{-6} ,浸洗 4 小时。

(9)青霉素、链霉素:用于各种细菌感染,25 千克水加 160 万单位青霉素 1 支,100 万单位链霉素 1 支,浸浴 24 小时。

(10)孔雀绿:主要用于水霉菌感染时卵和蝌蚪的浸浴消毒,浓度为 6.6×10^{-6} ,浸洗 15 分钟。

(11)市售消毒药:按说明使用。

5. 饲料消毒

主要用于培育的活饵料,屠宰加工副产品的浸洗消毒,需先用水洗干净,然后药浴浸泡。

(1)漂白粉:浓度为 8×10^{-6} ,浸泡 20 分钟。

(2)呋喃唑酮:浓度为 15×10^{-6} ,浸泡 10 分钟。

(3)市售消毒剂:均可按饮水浓度对饵料浸泡,严格按说明使用。

(二)治疗和预防用药物

1. 青霉素

100 万国际单位,盐 2.5 克,葡萄糖 6.25 克,蒸馏水 250 毫升,配成药液,皮肤病清洗,每日 2 次,或每天灌服 2 毫升/只幼、成体蛙。

2. 四环素

用于细菌性疾病感染、胃肠炎等,每千克饲料 0.3 克,混匀,每日 2 次,连用 3 天。

3. 庆大霉素

用于细菌性感染,肌内注射,1 只成蟾蜍 1 万国际单位,1 次/日,连用 2～3 天。

4. 硫酸链霉素

用于胃肠炎、红腿病等细菌性感染病,1 只成蟾蜍肌内注射 1 万国际单位,1 次/日,连用 2 天。

5. 土霉素

细菌性感染,每 100 千克饲料加 60 克,2 次/日,连用 3～5 天。

6. 氯霉素

各种细菌性疾病,每 100 千克饲料 30 克,2 次/日,连用 3～5 天。

7. 氟哌酸

用于胃肠炎等,每 100 千克料加 5 克,连用 3 天。

8. 呋喃唑酮

细菌性感染时,饲料中添加浓度为万分之一,2 次/日,连用

2～3 天。

9. 磺胺脒

细菌性感染时,每千克饲料加 0.3 克,2 次/日,连用 2～3 天。清洗时,浓度为 20%,15 分钟。

10. 酵母片

用于消化不良、胃肠炎,每千克饲料加 10 克,2 次/日,连用 3 天。

11. 维生素 A、维生素 D 等

用于皮肤性疾病,各种制剂均按说明使用。

12. 草木灰

用于抑制水体内青苔生长,每立方水用 80 克。

13. 硫酸镁

用于气泡病,2% 的溶液全池泼洒消毒,有助于蝌蚪消化道通畅。

14. 10%紫药水

局部涂抹,用于皮肤疾病。

15. 硫酸铜

用于细菌性疾病、寄生虫病,池水中药物浓度为 0.5×10^{-6}。

16. 敌百虫

用于蜈蚣、蚂蟥、体内外寄生虫的杀灭,浓度 0.5×10^{-6},

1次/日,连用2天。

17. 各种抗菌软膏

如金霉素、红霉素等,均可用于局部创伤及感染的涂抹杀菌。各种市售的消毒杀菌药物均可使用,严格按照说明配制。

四、常见疾病的防治

蟾蜍及其蝌蚪的疾病,根据病因主要可分为生物传染即传染性疾病和生物侵袭致病即寄生性疾病两大类。传染性疾病是由病毒、细菌等病原体引起的疾病;而寄生性疾病是由原生动物、甲壳动物等病原体侵袭引起的疾病,还有一些其他疾病,用药量(浓度)、用药种类和用药时间应视蛙类不同病情、规格、水温、水质情况而定。最好先少量做实验,待认为安全后再实施,确定治疗方案。

1. 烂皮病

又叫脱皮病。蝌蚪、幼蟾、成蟾均可发病。

【原因】　病原体为奇异变形杆菌和克氏耶尔森氏菌。蛙的放养密度大;水质不良;管理不善或因为饲料单一;缺乏多种维生素,特别是缺乏维生素A、维生素D,均易诱发此病。

【症状】　此病有时和红腿病并发。发病初期,头部的背面皮肤失去光泽,出现白斑花纹,体色发黑;接着表皮层脱落,真皮层开始腐烂,露出肌肉;随后烂皮区域逐渐发展到躯干部,以致整个背部;严重时指骨和颌骨外露。解剖时可见肝肿大呈青灰色,肾脏石质化,肺和心暗灰色。还有的出现关节肿大,皮肤下、腹腔积水肿胀,并伴有先是眼球内出现粒状突起,呈黑色,以后变成白色,直至眼球全为一层白色脂膜覆盖,出现烂眼。发病的蛙食欲减退直至停食,病蛙常独自伏于阴暗的地方,并经常用指端抓患处,呈现出血现象。全年可发病。该病流行广、病期长、传染快,从发病到死亡,病程 20～30 天。病蛙死亡率高。

【预防】

(1)尽量要求饵料多种多样,营养全面而丰富,多喂动物性活饵料及富含维生素 A 的饲料,如猪肝。

(2)经常保持水质清新,定期换水;发病季节,可在饲料中添加叶菜汁等含维生素的饲料,也可直接添加鱼肝油、动物内脏等富含维生素 A、维生素 D 的饲料。

(3)保证饲料的新鲜,不吃变质和霉变的饲料;定期用浓度0.1～0.3 毫克/升水的三氯异氰脲酸消毒或每 10～15 天用浓度为 10～20 毫克/升水的生石灰溶液全池泼洒消毒;捕捉和运输工作,操作要细致,不使蛙体受伤。

【治疗】

(1)对病蟾蜍浸洗消毒,然后补饲鱼肝油,1 粒/日,连用 3～5 天。

(2)增加饲料中维生素 A 的含量。

(3)可喂鲜鱼肝和其他动物的肝脏,每只病蛙每天只喂 1 次,每次只喂 1 克,或口服适量的鱼肝油,经 1 周治疗,病情会好转。

(4)发病季节,用浓度为 0.1～0.5 毫克/升水的三氯异氰脲酸全池泼洒。

2. 水霉病

又叫白毛病、肤霉病。蝌蚪、幼蟾蜍、成蟾蜍均可发病。该病病程长,死亡率低,多发生在四肢,如果不及时治疗常会给蛙类造成残疾,并引发其他疾病。

【原因】　长期不更换池水,污染水霉菌。而机体本身的外表损伤也是一个重要原因。

【症状】　感染水霉菌时,可见感染部位有棉絮状浅白色的菌丝,并由感染部位向周围扩展,菌丝根部深入肌肉内,并吸收寄主体内营养,分泌有毒物质。由于肌肉损伤、菌丝的存在和毒素的作用,蝌蚪游泳异常。成体则躁动不安,摄食减少,瘦弱。如是卵或胚胎感染了水霉菌,可使卵或胚胎发生霉变而造成死亡。

【预防】

(1)运输、分池过程中小心操作,谨防造成外伤。

(2)进入场地以前要用浓度为 10×10^{-6} 的高锰酸钾溶液浸泡10分钟。

(3)定期用漂白粉(水体浓度为 0.5×10^{-6})进行全池消毒。

【治疗】

(1)用10%甲紫药水或3%的食盐水涂抹皮肤伤口,至伤口愈合。

(2)对患病的蝌蚪和成体,用5%盐水清洗局部,或用1%的甲紫药水涂抹局部。

(3)蝌蚪可用 5×10^{-6} 的高锰酸钾溶液浸泡,每日2次,每次30分钟,经3天治疗即可。蝌蚪在浸泡时如出现浮头,应立即用清水清洗鳃上少量被氧化的黏液和沉积的微量二氧化锰,以保证鳃的正常呼吸。

(4)在水池内加福尔马林(甲醛),浓度为 20×10^{-6}。

3. 红腿病

红腿病又称败血症,可危害蟾蜍幼体和成体。红腿病继续扩展和蔓延可发展为红斑病。该病一年四季均可发生,传染快,死亡率高。

【原因】　水体变质而杂生细菌,密度过大或运输、转池过程中造成外伤,导致感染嗜水气单胞菌及乙酸钙不动杆菌的不产酸菌株等革兰氏阴性菌引起。

【症状】　发病个体精神不振、活动能力减弱、腹部膨胀、口和肛门有带血的黏液。发病初期,后肢趾尖红肿,有出血点,很快蔓延到整个后肢。剖检以后可见腹腔有大量腹水,肝、脾、肾肿大并有出血点,胃肠充血,并充满黏液。

【预防】

(1)放养时密度不可过大。

(2)运输、转池时避免造成皮肤损伤。

(3)水体及环境要保持清新卫生,定期更换池水和消毒。

【治疗】

(1)可将病蛙捉入桶内,以 3‰的食盐水或用 20‰的磺胺脒溶液浸洗 15 分钟左右。

(2)注射庆大霉素或红霉素等抗生素,每只病蟾蜍 1000 国际单位。

(3)将土霉素按每千克饵料 5 片药的量拌匀,投喂 3～5 天。对发病蟾蜍池消毒。

(4)用蒸馏水或冷开水 100 毫升,加食盐 0.9 克,精制葡萄糖 25 克,充分搅拌至溶化成 25%葡萄糖生理盐水,每 100 毫升加入青霉素钾 40 万国际单位,充分搅拌均匀后备用。治疗时把此药放入桶中,将病蟾放入桶内浸泡 3～5 分钟,或者用注射器吸药物,将针头伸入病蟾口腔,每只 200～250 克重的病蟾注药液 20 毫升,即每只蟾用青霉素 8000 单位,一般治疗 5～7 天可以痊愈。

(5)在饵料中加拌磺胺嘧啶,每千克饵料加药 1～2 克,连续投喂 3 天。

(6)养蟾池全池泼洒漂白粉,使池水漂白粉的含量为 1×10^{-6},并用 10×10^{-6} 浓度的漂白粉溶液洗刷食台,然后在阳光下暴晒。

4. 鳃霉病

本病主要危害蝌蚪的鳃组织。

【原因】　水质恶化，杂生霉菌，我国常见的有两种类型的鳃霉菌，未确定出其种的地位。

【症状】　由于鳃霉菌侵入蝌蚪鳃部，使鳃组织充血、出血，后期鳃丝变成苍白色，呼吸功能丧失而致死。

【预防】　定期更换池水和消毒，控制水体有机质含量，防止水体过肥而变质、杂生鳃霉菌。

【治疗】

(1)更换池水，对池体消毒。

(2)将蝌蚪转移至清洁的蝌蚪池中，用铜铁合剂(硫酸铜、硫酸亚铁以 5 : 2 的比例配合)浸洗消毒，浓度为 0.7×10^{-6}，浸洗 $10 \sim 20$ 分钟。

5. 肠胃炎

本病主要危害幼体和成体，传染性强，死亡率高。

【原因】　投喂不洁饵料易引发肠炎，病原体为细菌，可能是气单胞菌和链球菌。如投喂天然的蝇蛆，如果消毒处理不当，极易引起肠炎，导致大批死亡。

【症状】　初期焦躁不安、乱钻乱爬，后期无力、不下水、常钻在池边角落、不食，或后肢伸直、缩头弓背、闭眼、仰卧在地等。解剖可见胃肠道充血发炎。

【预防】

(1)肠炎的发生多与水体和食物不洁有关，因此要定期换水，以保持水质清新。

(2)不投喂发霉、变质的饵料，并在饵料中加拌一些大蒜、生姜、黄连等。

(3)暴饮暴食也会引发胃肠炎,因此饵料投喂要定时、定量、定点。

(4)换水温差不大于 2℃,昼夜温差较大、气温多变季节,注意保温。

【治疗】

(1)发病后要及时进行水体消毒,可以全池泼洒漂白粉,使水体浓度达到 1×10^{-6},并在饵料中加拌磺胺类药物或诺氟沙星(氟哌酸),每千克饵料加磺胺 3 克或诺氟沙星(氟哌酸)1 克。

(2)每天拌食投喂酵母片 2 次,每次每千克饵料中拌入半片,连喂 3～5 天。

(3)在每千克饲料中加压碎的增效联磺片 1 片,酵母片 2 片,连喂 3～5 天,每天 2 次,即可治愈。

(4)经常清洗饲台,以阳光或 10×10^{-6} 漂白粉消毒,或用 1×10^{-6} 漂白粉溶液泼洒全池。

6. 气泡病

气泡病为蝌蚪常见病,及时诊治很容易治愈,但是如果诊治不及时也会造成大量死亡。

【原因】　气泡病是由不良水质、温度变化等引起的环境疾病,没有病原体的侵入,是由于池水氧气或氮气等气体过多,蝌蚪饵料不足而误吞气泡致使身体不平衡引起的。

气泡进入蝌蚪途径有两条:一是由蝌蚪直接吞入;二是气体通过鳃、皮肤、黏膜进入鱼体,血液中过剩气体游离而形成气泡。

水中气体过度饱和,原因很多,常见的有如下几种。

(1)水中藻类过多。当夏天气温较高时,水温随之升高,尤其中午阳光直射时,藻类丰富的水体光合作用十分旺盛,致使水中溶液浓度较高,出现过饱和状态。

(2)水体中大量投放未发酵青饲料。这样,在缺氧情况下厌氧发酵,分解出大量甲烷、硫化氢等气体,使水中充满气泡。

(3)水温变化引起气体过饱和。由于气体溶于水的溶解度随温度升高而降低,因此水温骤升时,原本不富集的气体变得过饱和。

(4)其他因素。如水体本身含氮处于过饱和状态;另外,在运输中人工供氧过多,也是造成蝌蚪群处于气体过饱和环境中的一个原因。

【症状】　蝌蚪肠道充满气体,腹部膨胀,身体失去平衡仰浮于水面,严重时,膨胀的气泡阻碍正常血液循环,破坏心脏。解剖后可见肠壁充血。

【预防】

(1)勤换水,保持池水清新。

(2)池中水生植物不宜过多,池水不可过肥。

【治疗】

(1)发病时,应及时排除部分池水,并加注新水,防止病情恶化。

(2)投喂干粉饵料先用水稍加浸湿,植物性饵料煮熟以后投喂。

(3)发现气泡病可以将发病个体分离出来,放到清水中,2天不喂食物,以后少喂一点煮熟的发酵玉米粉或米糠等,几天后就会痊愈。

(4)向养殖池加入食盐进行治疗,每立方米水体加食盐15克。

(5)池内泼洒2%的硫酸镁。

(6)在上午9时喂饱蝌蚪,减少中午因饥饿吞食植物光合作用所放出的小气泡,效果也很好。

(7)每立方米水用石膏、大豆、车前草各5千克,混合打浆后全池泼洒。

7. 车轮虫病

又叫烂尾病,主要危害蝌蚪。

【原因】　为原生动物门纤毛纲的单细胞动物车轮虫,它寄生在蝌蚪体表和鳃上,以纤毛摆动在蝌蚪体表滑行,吃蝌蚪组织细胞和血细胞。

【症状】　它寄生于蝌蚪的体表和鳃上,用纤毛摆动在蝌蚪身体上滑行,其皮肤和鳃的表面呈现出青灰色的斑,这是蝌蚪发病时分泌的黏液和坏死的皮细胞,当车轮虫在蝌蚪身上大量寄生时,蝌蚪游泳迟钝,患病蝌蚪浮在水面喘息,食欲减退,行动迟缓,生长停滞,进而引起死亡,对小蝌蚪危害性最大。

【预防】

(1)经常换水,定期清池消毒。

(2)放养密度适宜。

(3)科学饲喂。

【治疗】

(1)患病蝌蚪用 3‰的食盐水中浸泡 15～20 分钟。对养殖池清池消毒。

(2)发病初期用 0.7×10^{-6} 的硫酸铜和硫酸亚铁合剂(二者比例为 5∶2)全池泼洒,有较好的疗效。

(3)每亩水面用切碎的韭菜 0.25 千克与黄豆混合磨浆,均匀泼洒,连续喂 2～3 次,可控制此病不致恶化。

8. 斜管虫病

主要危害蝌蚪。

【原因】　由斜管虫引起。斜管虫为斜管虫病的病原体。活体斜管虫形体侧面看呈背部隆起,腹面坦平,前薄尾厚,腹面观呈卵形,似心脏。

【症状】 该病为斜管虫侵入蝌蚪的皮肤和鳃部而致病。患病蝌蚪呼吸困难,鳃部及体表分泌大量黏液,以致体表形成灰白色的薄膜,鳃丝呈红白相间状态。由于患病蝌蚪在水下呼吸困难,所以常浮出水面呼吸,出现不安状态,这种情况称之为"浮头"。由于终日浮头,严重的则出现下颚表皮突出,形状发生变异。随着病情加重,蝌蚪欲减退直至完全消失,消瘦,甚至全体发黑,最终导致病重死亡。

【预防】

(1)对发病池塘用生石灰洒布,进行全池消毒灭虫。

(2)对放养蝌蚪池,先采取预防措施,用生石灰或漂白粉清塘。

(3)放养前,用硫酸铜和硫酸亚铁合剂(配比为 5:2)浸洗半小时,或用 2% 食盐水浸洗 15 分钟,这样,水池则基本无虫了。

(4)疾病流行季节,在食场周围用硫酸铜和硫酸亚铁挂袋预防。

【治疗】

(1)每亩水面用苦楝树枝叶 15 千克浸泡池中,每星期更换 1 次,连续 1 个月;或每亩水深 0.3 米用 10 千克苦楝叶煮水全池泼洒也可。

(2)用 1/500 甲醛液浸洗病蝌蚪 2 分钟,可控制虫体继续浸染。

(3)用 8×10^{-6} 的硫酸铜溶液给蝌蚪洗澡 10～30 分钟,或用 0.7×10^{-6} 硫酸铜溶液进行全池泼洒治疗。

(4)用 2%～3% 食盐水或 0.4%～0.5 福尔马林(甲醛)溶液浸洗病蝌蚪 2 分钟。

(5)采用高效灭虫灵,按每立方米水用药 0.5～1 克的剂量,进行全池泼洒。

9. 舌杯虫病

主要危害蝌蚪。

【原因】　由舌杯虫侵入蝌蚪的鳃和皮肤引起。

【症状】　肉眼可见与水霉菌感染相似的体表毛样物。患病蝌蚪行动迟缓、停食。

【预防】　与车轮虫病相同。

【治疗】　与车轮虫病相同。

10. 弯体病

主要是蝌蚪发病。

【原因】　主要是新辟的养殖池,因土壤及水体中富含重金属盐类,影响蝌蚪的神经和肌肉,或因为体内缺少钙和维生素。

【症状】　发病蝌蚪的身体呈"S"形弯曲。

【预防】

(1)应在新辟养殖池内,注满池水浸泡半个月以上,然后排去老水,换入新水。

(2)如果重金属盐类过多,在蝌蚪饲养过程中就要经常换水

【治疗】　增加动物性饲料和含钙及维生素的饲料。

11. 锚头鳋病

【原因】　病原体为锚头鳋。寄生在蝌蚪身上的是鲤锚头鳋雌体。虫体细长如针,头部有背腹角 2 对,呈铁锚状。

【症状】　蝌蚪寄生部位的肌肉常发炎、红肿,严重时发生溃烂,组织坏死。虫体吸取蝌蚪的血液和体液,会造成蝌蚪生长停滞。

【预防】　应在蝌蚪放养前用浓度为 10～20 毫克/升水的生石灰,或 1 毫克/升水的漂白粉溶液彻底清塘消毒,杀灭锚头鳋

幼虫。

【治疗】　治疗用浓度为 10～20 毫克/升水的高锰酸钾溶液药浴蝌蚪 10～20 分钟,每天 1 次,连续 2～3 天虫体可以脱落。

12. 脱肛病

主要发生于成蟾蜍。

【原因】　吃进的饲料不能消化,导致排泄不畅。

【症状】　直肠外露于泄殖腔(肛门口)之外 1～2 厘米,食欲减退,行动不便,体质消瘦。

【预防】　主要是注意卫生环境,投喂优质适量饲料。

【治疗】　可用 2‰～3‰的食盐水将翻出的直肠洗净后,塞进泄殖腔内,放入清水池内暂养一段时间,有一定疗效。

13. 旋转病

【原因】　病因是感染了脓毒性黄杆菌所致,此病多发生在高温季节,高温水体是其最佳传染介质。此病传染性强,发病迅速,死亡率高,可导致毁灭性损失。

【症状】　精神沉郁,活动迟缓,食量减少,幼蛙受到刺激时、向一侧旋转跳动,出现神经性症状,蛙体愈大,病程愈长。病蛙在出现上述症状后,3～5 天内死亡。可见肝脏颜色加深,有时发黑,脾脏缩小,脊椎两侧有出血点和出血斑。

【预防】

(1)环境用碘伏,全场消毒,连续 5～7 天。

(2)加强遮阴。

【治疗】　每千克黄粉虫拌入 25 克旋转灵,在高温季节进行防治。青霉素、链霉素对本病无效。

14. 传染性肝炎

此病主要发生在高温雨季,高温、高湿条件下,环境卫生是重要诱因。

【原因】　病因不明,由细菌感染引起。

【症状】　此病蟾蜍无明显外部症状,主要表现在外观体颜色变浅,土黄色。有时腹胀,后肢根部水肿,有时病蟾张口打嗝,恶心反胃,呈痛苦状,口腔时有带血丝黏液吐出,常伴有舌头从口腔中吐出现象。

【预防】

(1)饵料营养要全面,投喂时不可过饱,八成即可。

(2)环境经常消毒,保持清洁,凉爽,洒一层新腐殖土。

(3)病蛙要及时隔离。

【治疗】　饵料中添加青霉素、链霉素,每千克饵料加青霉素360万国际单位,链霉素0.4克或"蛙肝宁"30克。

15. 腹水病

蛙和蝌蚪都能发病。

【原因】　病原体为嗜水气单胞菌。放养过密、养殖池水质差,诱发此病。

【症状】　患病的蝌蚪游动缓慢,食欲减退,腹部膨大,有大量腹水。该病传染快,死亡率高。病蛙体表无明显症状,瘫软无力,活动迟钝,厌食,以病蛙有腹水为发病的主要症状。解剖观察有大量腹水,腹水呈淡黄色或红黄色,肠胃充血发红,有的蛙还伴有肝肿大。发病季节5~10月。

【预防】

(1)应定期换新水,保持水质的清新。

(2)放养量要适中,不能放养过密。

（3）不用变质或霉变的饲料。

【治疗】　治疗可用每千克蛙或蝌蚪在饲料中添加诺氟沙星（氟哌酸）20～50毫克，连用3天。

16. 杯体虫病

【原因】　病原体为筒形杯体虫。杯体虫寄生在蝌蚪尾部和鳃部诱发此病。水质不良或水质恶化、蝌蚪放养密度过大时此病多发。杯体虫的虫体容易伸缩，当充分伸展时呈喇叭状或高杯形。

【症状】　患病蝌蚪尾部和鳃部都变白色，大量寄生时会造成蝌蚪游泳迟缓、生长停滞、停食，进而衰竭死亡。一年四季都有发病，以5～6月为多发期，对小蝌蚪危害较大。

【预防】　应在蝌蚪放养前用浓度为10～20毫克/升水的生石灰，或浓度为1毫克/升水的漂白粉溶液进行彻底清塘消毒。

【治疗】　治疗用浓度为0.3～0.7毫克/升水的硫酸铜溶液全池泼洒。

17. 复口吸虫病

【原因】　病原体为复口吸虫的尾蚴和后囊蚴。在池塘水边栖息的鸥鸟吃食患有复口吸虫病的蟾蜍或鱼类，复口吸虫的成虫寄生在鸥鸟的肠道中。成虫卵随鸥鸟的粪便落入养蛙池或蝌蚪池的水体中，孵化成毛蚴。毛蚴遇到椎实螺后即钻进椎实螺体内，在肝脏和脏壁发育成胞蚴，胞蚴经无性繁殖产生无数尾蚴，移到椎实螺的外套腔内，然后很快离开椎实螺并在水中生活进入蛙体，在通过蟾蜍的循环系统或神经系统达到眼球水晶体，发育成后囊蚴。随后引起蟾蜍眼水晶体发炎、浑浊变白、角膜突出，进而失明。

【症状】　患病蟾蜍体色发黑，觅食困难，反应迟钝，身体消瘦,严重时身体出现颤动,常浮在水面打转,头歪向一边失去平衡,3～5 天后死亡。不及时采取措施会引起大量死亡。此病多发生在水鸟栖息较多的地区,春末夏初发病较多。

【预防】　应对养殖池用浓度为 10～20 毫克/升水的生石灰溶液进行彻底消毒,杀灭虫卵、毛蚴和椎实螺。

【治疗】　病蟾可用浓度为 0.3～0.7 毫克/升水的硫酸铜溶液浸泡 5～24 小时,杀灭复口吸虫。

18. 肺丝虫病

此病可发生在任何年龄的蟾蜍中,虫卵可能由蛙卵带入,经粪便污染环境从而造成传播。

【原因】　肺丝虫感染。

【症状】　外观症状不明显,食欲下降,活动减少,两侧肺囊破坏后,病蛙即死亡,从粪便中可检查到虫体,在肺囊内可查到虫体,严重时虫体钻破肺囊到腹腔内,有时在胃肠道内也可检查到虫体。

【预防】

(1)每隔 15 天在饵料中添加驱虫剂。

(2)环境地面每隔 1 个月喷撒 1 次灭虫药。

(3)地面经常添加新土。

19. 溺死症

【原因】　由于变态后幼蟾体质过弱或变态池周围设置不合理,使变态后幼蟾不能及时上岸,在水中挣扎,最后因体力消耗过大而淹死在水中。

【症状】　在变态池的水底有大量死亡幼蟾,蟾体变白,四肢伸展僵硬,腹部朝上,刚刚溺死的一般漂在水面上,死亡时间稍长便沉入水底,常常被未变态的蝌蚪吃掉,因此需注意观察。

【预防】

(1)蝌蚪期加强饲养管理,使变态后的幼蟾体质强壮,及时上岸。

(2)在变态池的四周及中央放置一些树叶、杂草,供变态幼蟾攀扶而能及时用肺呼吸。

(3)变态池设计时,四周坡度应由水中缓慢过渡到岸边。

(4)减少池水深度,池水深不超过蟾体长的1/2。

20. 饿死症

【原因】 由于变态幼蛙上岸后在2周之内不能及时吃到食物而逐渐饥饿致死。引起幼蛙饥饿的原因有:变态幼蟾过于弱小,不能食入投喂的昆虫;饲养池内隐蔽物太多,加上外界环境不安静,使变态幼蟾长期处在躲藏隐蔽状态,不能及时吃到食物。

【症状】 在隐蔽物下发现大量死蟾,蟾体尾部吸收良好,头大,腹部干瘪,四肢瘦弱,伏地而死。

【预防】

(1)蝌蚪期加强饲养管理,培育出体质健壮的变态幼蛙。

(2)及时投喂大小合适的饵料昆虫。

(3)地面设置的隐蔽物数量不要过多,要让幼蟾能够及时发现饵料昆虫,并采食。

(4)保证环境的安静,避免幼蟾经常处于警觉状态而不出来采食。

21. 淋死症

【原因】 变态幼蟾上岸后不久,被大雨浇淋后而成批死亡。主要原因是变态幼蟾体温调节能力差,在短时间内体温剧烈改变在5℃以上时,幼蟾往往不能应激而死亡。

【症状】 中到大雨后变态幼蟾大量死亡,一般腹部朝上,其他未见异常。

【预防】　设置蔽雨措施,防止幼蟾直接被大雨浇淋。

22. 压死症

【原因】　由于养殖设施设计不合理,有死角或折角的地方,幼蟾在这些地方不断聚集,最后底部的幼蟾被压迫窒息而死。

【症状】　在折角、死角等处,堆积大量幼蟾,底部幼蟾死亡而上部幼蟾未见异常。

【预防】　消除养殖设施的死角、折角,将之设计成圆弧形。

五、常见敌害的防治

蛙类及其蝌蚪的敌害较多,一些藻类、原生动物、水生昆虫、哺乳动物、鸟类、爬行类、鱼类,甚至蛙类本身都是它们的天敌,有时危害还相当严重。

1. 藻类

(1)青苔:为土池或水泥池中常见的丝状绿藻的总称。它包括星藻科中的水绵、双星藻和转板藻三属的一些种类。在春季随水温升高,在池塘的浅水区萌发,早期颜色深绿,像毛发一样贴在池底,衰老时颜色转黄绿色,丝状体断离池底,成棉絮状,形成一团一团的乱丝,漂浮水面。

【危害】　主要危害蝌蚪,特别是小蝌蚪常钻进青泥苔中,被丝状体缠住而造成死亡。如果大量繁殖,还会消耗池塘中的养料,使池水变瘦,抑制浮游生物的繁殖,从而影响蝌蚪的生长。

【防治方法】　蝌蚪放养前,每平方米池塘面积用生石灰 50～

100 克,化水后全池泼洒清塘,可杀灭青泥苔,或用草木灰撒在青泥苔上,青泥苔因得不到阳光无法进行光合作用而死亡。已放养蝌蚪的池塘,可用浓度为 0.2～1.0 毫克/升的硫酸铜溶液全池泼洒。

(2)微囊藻:是蓝藻门的藻类,细胞球形,有假空泡,很多细胞聚在一起形成不规则群体。在温度高、含氮量多或有机质丰富的水体中能大量繁殖。蛙池及其蝌蚪池的有机质多,微囊藻常大量繁殖形成铜绿色"水花"称"湖淀"。

【危害】　藻类细胞外有一层胶质膜,蝌蚪摄食后不能消化。如繁殖过盛,则群体衰亡阶段体分解产生有毒物质,引起蝌蚪池缺氧,造成蝌蚪死亡。

【防治方法】　同青泥苔的防治方法。

(3)水网藻:是绿藻门的种类。藻体由很多圆筒形细胞相互连接构成网状群体。每个网眼由 5～6 个细胞连接而成,集结的藻体成网状,故称水网藻。

【危害】　水网藻在浅水池塘里像张开的"罗网",蝌蚪钻入其中被缠住而死亡,危害程度比青泥苔严重。

【防治方法】　同青泥苔的防治方法。

2. 蛭类(蚂蟥)

环节动物门蛭纲。一般躯体呈扁形、柱形或椭圆形,体柔软,有前后吸盘。

【危害】　体表寄生,头部钻入皮内吸食血液,虽然不能立即致死幼蛙及蝌蚪,但会影响其生长发育,同时,由于皮肤损伤,而易感染其他病原而发病。

【防治方法】
①放养前可以用石灰清池消毒。
②亩用叶蝉散 400～500 克,掺水 50 千克,用喷雾器喷施,或

掺水 200 千克进行泼洒毒杀。

③发生后,可用硫酸铜(池水浓度 $0.7×10^{-6}$)或敌百虫(池水浓度 $0.5×10^{-6}$)对池水消毒。正在吸血的蚂蟥,可用 2% 的食盐水浸洗蟾体,清除蚂蟥。

3. 昆虫

(1)龙虱及水蜈蚣:龙虱为鞘翅目的昆虫,身体呈椭圆形。水蜈蚣又称水夹子,是龙虱科龙虱、灰龙虱等幼虫的统称。

【危害】　龙虱成虫和幼虫都危害蝌蚪。蝌蚪饲养阶段正是水蜈蚣的繁殖盛期,所以危害严重。

【防治方法】

①蝌蚪放养前,每平方米池塘面积用生石灰 50～100 克,化水后进行全池泼洒清塘消毒,可以消灭水蜈蚣。

②在池塘进水时要用密网过滤,防止龙虱和水蜈蚣随水进入饲养蝌蚪的池塘中。

③也可用少量煤油遍洒杀死水蜈蚣。

(2)红娘华属蝎蝽科或红娘华科,又称小蝎子。

【危害】　红娘华在我国分布很广,主要危害中小蝌蚪。

【防治方法】　同龙虱及水蜈蚣的防治方法。

(3)松藻虫:又名仰泳蝽或仰游虫,属仰泳蝽科。

【危害】　白天在水中摄食蝌蚪,晚间飞出水面危害幼蛙,常用刺状的口吻刺入蝌蚪和蛙体内吮吸体液,危害比较严重。

【防治方法】　同龙虱及水蜈蚣的防治方法。

4. 鱼类、鲇、鲤、鲫等

【危害】　主要是肉食性和杂食性鱼类吞食蛙卵和蝌蚪。

【防治方法】　彻底做好清池工作,在进出水出水口处用密眼网过滤,防止杂鱼及水生昆虫进入。

5. 哺乳动物

【危害】

①老鼠是蛙类的主要天敌。捕食蝌蚪和幼蛙,对幼蛙的危害尤为严重。

②鼬鼠又称黄鼠狼。性残忍,对成蛙和幼蛙都有危害,危害相当严重。

③水獭为半水栖兽类。水獭昼伏夜出,栖息在池塘岸边的洞穴中,对成蛙和幼蛙都相当严重危害。

【防治方法】

①对哺乳动物的防治主要靠随时捕杀或寻找洞穴进行捕杀;对数量较多的鼠类可用灭鼠药进行大面积毒杀,但在投放鼠药时必须注意对其他动物的安全。

②保持防护墙、防护网的完好,水池内的各孔口要加细目耐腐蚀的网罩,发现后及时修补。

③经常巡池,发现破损及时捕杀,可用毒饵诱食捕杀、鼠夹捕鼠、粘网捕杀害鸟,对益鸟进行驱赶,加固池上方的防护网,防止继续危害。

6. 两栖类

【危害】 主要是一些两栖类,会吃食养殖的蝌蚪,危害比较严重。

【防治方法】 对两栖类可采取捕捉的方法防治。

7. 爬行类

(1)蛇

【危害】 蛇部分时间在水中生活,捕食蛙和蝌蚪,危害比较严重。有些蛇类在陆地上捕食幼体。

【防治方法】　对于蛇的防治可采取捕杀的方法。

（2）鳖

【危害】　鳖俗称甲鱼。常栖息于江河、湖泊和池塘中。在水中游动活泼,出水后爬行也迅速,常吃食幼蛙及蝌蚪。

【防治方法】　可采取捕捉的方法。

8. 鸟类

【危害】　适于水边生活并吃食蛙类及其蝌蚪。有以下几种：苍鹭、池鹭、翠鸟、鸥、乌鸦、野鸭等能捕食蛙卵、蝌蚪和幼蛙。对家鸭也要注意看管。

【防治方法】

①对于鸟类的防治可采取驱赶或捕捉的方法。

②加强围墙防护设施,养殖场上空可搭棚架或网等。注水口和排水口加滤网,诱捕或诱杀鼠类。

第七章　蟾酥、蟾衣、干蟾的采集与加工

一、蟾酥的采集技术

采集蟾酥,一般在每年 5～8 月进行。

1. 采收用具

(1)刮浆夹:酥夹可到药材公司购置铜、铝质夹(铝合金制的夹子也可以),也可自制竹夹,选取一段 20 厘米长,直径 5～7 厘米的优质竹筒,劈成两半,在两半的同一边,用合页连接起来(铁质合页要安在竹筒外侧),再在外侧装一根拉簧,用手一握即合成筒状,手松开时,由于拉簧的拉力作用,竹筒又分成两半,这样取酥夹就做好了。

(2)自制竹刀:选取一段 10 厘米长、宽 5～7 厘米的竹刀。

(3)浆液盛器:瓷盘(玻璃板),忌用铁质器皿。

(4)其他:一个 80 号的铜筛和一个 120 号的铜筛、手套、口罩、眼镜等,以防浆液溅入眼鼻。如操作不慎使浆液进入眼鼻,可用煎好的紫草水清洗。

2. 采收方法

捕捉蟾蜍一般在春、夏、秋季。捕捉时要戴好胶皮手套和保护眼睛的镜子。捕捉的目的主要是取蟾酥，蟾酥是蟾蜍的耳后腺，即头部两侧的两个凸起物及皮肤分泌的浆液。

取酥的方法是将蟾蜍放进筐里，在水中轻轻摇晃，洗去体表的泥沙、沥干水后就可刮浆。先准备好刮浆用的工具：瓷盘（玻璃板）、竹刀、刮浆夹、一杯清水。

用左手提住蟾蜍，以中指垫其腹部，食指顶住颌部，大拇指在其背部中央，将其固定在手中，拿到瓷盘前，右手持刮浆夹在其头部耳后腺处适当夹挤，使蟾浆溅射在瓷盘里。每个腺体夹挤 2～3 次。也可用竹片或竹夹刮取蟾蜍的耳后腺和皮肤腺的浆液，刮取 2～3 次。刮浆夹上沾有的蟾浆放在水杯中漂洗，用竹刀刮入瓷盘上。为保持溅射在瓷盘里的蟾浆均匀一致，可经常转动瓷盘。也可用竹刀刮平。

新采收的鲜浆，白净微黄，油亮发光，黏性大，拉力强为佳品。圆饼状的团酥质坚，不易折断，断面棕褐色，角质状，微有光泽。涂在玻璃板上晒干的蟾酥圆盘状薄片干燥质脆，易碎，光滑明亮如胶，断面红棕色或黄棕色，以纯净无杂质者为佳品。

采集后的蟾蜍，先放入旱地喂养，切勿直接放入水中，以防伤口感染。2 周后又可再采。一只 2 年生蟾蜍夏、秋两季可采 3～5 次浆，一般饲养 5 千克蟾蜍每年可收蟾酥 500 克以上。事前与当地医药部门取得联系，以便取酥制干以后可交售。

出蛰后 10～15 天开始采收浆液，冬眠前 15～30 天停止采浆。采浆的高峰期为 6～7 月。

3. 蟾酥加工

采完蟾酥要进行加工。将刮取的浆液放置瓷器盆内，用 80

号铜筛过滤,再过 120 号细铜筛。在筛的反面刮下净浆液,均匀涂在玻璃板上晒干或烘干。干后剥下即成片酥。若遇气候干燥时,可将凝结的浆液用竹子刮到干净的白布上,集中起来用手捏成团块,晒至全干即成团酥也叫块酥。

为了提高产量,可以临时采取用竹竿刺痛蟾蜍头部,或用辛辣的蒜头和辣椒等纳入口中,或将其置于四面放镜的缸中让其惊恐急躁等方法,使其蟾酥分泌量增加。

4. 注意事项

(1)在整个取酥操作和加工过程中,切忌与铁器接触,否则变青色而不能用。

(2)夹挤腺体时,用力要适度,以腺体张开口为宜,不要造成出血。

(3)刮浆时应注意防止浆液射入眼中,一旦溅入眼中出现眼肿,可用紫草汁洗患部,即可消肿。

(4)所用的工具设备要冲洗干净,以防杂物渗入,影响成品质量。

5. 贮藏

蟾酥易发霉、粘结,加工干燥后的蟾酥应密封保存。封存贮藏的蟾酥,越陈越黑,品质越佳。

贮藏方法:称取 0.5 千克干石灰粉放于密封缸底部,石灰上面铺一层干草或几层卫生纸,然后把用牛皮纸包好的蟾酥,一包一包整齐地放在上面,最后加盖密封。

二、蟾衣(皮)的采集

　　蟾蜍衣,简称蟾衣,又名蟾壳、蟾蜕,即由蟾蜍脱下之表皮衣,极薄一层,比糖衣还薄,颜色似蟾蜍。

　　据载:蟾蜍,味腥、温,有毒。归心经,具有解毒、止痛、开窍等功效,主治各种肿癌、肝腹水、白血病、淋巴瘤等。

1. 蟾蜍脱衣特性

　　蟾蜍每年脱衣 1~2 次,脱衣时边脱边吃,脱完吃光。脱衣季节为 4~6 月份,高峰季节 6~9 月份。蟾蜍脱衣适宜温度为 25~30℃,整个脱衣过程一般在 5 分钟左右。脱衣多在凌晨 1~5 时进行,或者连续几天晴天后由雷阵雨之前为最多。

2. 选择脱衣蟾蜍

　　用四肢齐全、健壮、无病活蟾蜍,选用个体重 75 克以上,腹部、肢部无明显脱衣花纹,越大越好。同时要充分利用好蜕衣蟾蜍高产质优的年龄段,以 2~3 年的成年蟾蜍最好,此时蟾蜍生长旺盛,幼蟾蜕衣会影响生长发育,老蟾蜕衣质量差,产量低,均不宜选用。

3. 脱衣素制备(泔水)

　　用自然中性淡水,可用溪、泉、河、井水,pH 6.8~7.5。加入 5% 米泔水(淘大米之水)。泔水制取浓度为 1 千克米泡 5 千克水,泡 20 分钟后沥出之泔水。

4. 饲养设施

①空房一间,最好是能保温、温度变化小的地下室。不能过分干燥,必要时可喷水,一般室温 20℃ 以上均可,但以 23～26℃ 最佳。室内应有排水道和进水管。

②大水缸或水泥池,口径 1 米左右,深 1 米左右若干个(过大换水不便)。

③塑料大盆若干只(配上防逃透气闷盖)、捞网斗、镊子、玻璃板、胸制瓦片若干。也可用水泥池子或水桶等代替塑料盆。

5. 操作步骤

①把活蟾蜍倒入大水缸或水泥池内,干养 3 天,不喂食物,让其排泄肠内污物,剔除瘦弱者。

②第 4 天把排尽污物的蟾蜍,加入配制泔水,使蟾蜍漂浮,并不让肢体着池底,促其自然运动,不喂食物。12～24 小时内不换水。入缸前捞除病弱、瘦小及死亡蟾蜍。促其排泄尽腹内污物,洗净体表污垢,以免污物影响今后蟾衣质量。

③第 5 天把浸泡后的蟾蜍移入室内,放入塑料脚盆或水桶内,加入自然中性淡水和适量白酒,深度 20～30 厘米,上加透气盖,不让其逃走。每平方米内可放活蟾蜍 1 千只。每隔 20～30 小时换水 1 次。容器中放的蟾蜍越多,所产之衣质量越差,也越碎。

④气温在 23～25℃ 到第 5 天部分蟾蜍开始陆续自然脱衣干水中,第 6～7 天达到高峰,一般第 8 天完毕。因蟾蜍在水中无法自己吞吃蟾衣,在水内也吃不了食物。整个过程中不喂食。

⑤在蟾蜍脱衣期间,每天分数次用捞斗将脱下的漂浮着似紫状蟾衣捞起,放入清水盆内洗掉杂质,然后将洗净的蟾衣挑起晾于瓦片上晒干即可。这是最普通的产品,价格较低。

⑥如要将蟾衣加工成标本出售,可轻轻地把蟾衣在水中漂散,一手用镊子夹住,另一手用一块玻璃入水中,慢慢移托上去,再慢慢按该只蟾蜍形体拼合一整体形状后晾干即可,也可移到白纸上拼合成标本。亦可移到塑料膜上,半干时揭下晒干,也可用电熨烫干、烫平,质量更好。价值也高。

⑦脱过衣的蟾蜍在另一个池内放 2 个小时,待身上干后刮取蟾酥或放回养殖池内,如食料充足,饲养得法,到秋天或冬眠前可再取其衣,但已脱衣的短期内不能再取衣,因不足 4 个月再脱的衣得薄很薄,药用价值不大,而且很难整理成型,没有商品价值。

⑧如有必要制作高质量标本,事先要挑选出体形大的蟾蜍单养于水盆中让其独个脱衣。最好准备一个方格式容器,单个放养,这样脱下之衣不会被扯坏,至少扯坏也小些。因为防止了因混养引起的相互爬、擦、抓破其衣。这样可产特级品蟾衣,整衣率大大提高,不必修补也可以达到相对完整衣程度。

实践证明,温度越低,脱衣期越长,发病越小;温度越高,脱衣时间越短,发病越高。在干燥环境下,蟾蜍不脱或少脱,如久不下雨,周围干燥时也不脱,不过此时若食物充足,今后一旦自然条件有利脱衣时,所脱之衣特厚、质量更好。因此,人为创造条件,也可达到此目的。

在自然条件下,每年 4～10 月份为最佳脱衣期。如通过人工加温,冬季也可进行。

6. 提高产衣量要点

为使蟾蜍产衣量提高,首先要做好以下工作。

(1)选择优质蟾蜍:一般首选体重 75 克以上健壮、活泼、无病伤蟾蜍。剔除病伤、体弱、瘦小蟾蜍。

(2)选用老皮蟾蜍:用肉眼检查蟾蜍口边、脚趾、腹部皮肤均褚黑色或黑褐者为上,其次选用手感蟾蜍背部特粗糙发硬者。上二者均达到要求,不出 5 天即可自行脱衣。

(3)人工促蟾皮肤老化:可把嫩皮肤蟾围养起来,采用干、饿的办法,促其皮肤老练,每天观察一、二次,3～5 天后转老,即可用来脱衣。

(4)消毒防病:把选好或促老化蟾蜍放干净地面或容器内,用漂白粉或消毒灵喷洒消毒,15 分钟后用清水冲洗一遍,这样可清除蟾蜍体外寄生虫或防止皮肤病感染,提高出衣率。消毒液浓度视季节\气温来选择,一般每立方水加漂白粉 2～5 克,消特灵10～20 克。

(5)放养密度:在进入正式脱衣时,要稀放,每平方米 1 千克以下活蟾蜍。如密度过高,所产蟾衣互绕相缠,正品率低。

(6)防止内部炎症:在进入脱衣过程中,可在容器中加入适量白酒,可控制肠胃炎、白眼病传染,减少死亡率,从而提高出衣率。为使蟾衣纯正,不含对人体有毒物质和有害物质,一般不提倡人为用化学药物治蟾病。

7. 蟾衣品级规定

特级:完整标本状。

一级:基本标本状,有缺口、无洞眼。

二级:条状片,薄如蝉衣,有肢爪可见,长 10 厘米、宽 3 厘米以上。

三级:无序碎片,但不过分厚。

上述均要求干燥并无杂质,无霉味,色泽正常,包装合理不损蟾衣。

• 204 •　蟾蜍圈养与利用技术(第二版)

三、干蟾的制备

　　将已采过蟾酥的活蟾,剖去内脏并连同下颚及腹部一并去掉,洗去血污后用竹片将其体腔撑开、晒干,或挂在通风处阴干,有条件的放在烘箱上用炭火烘,随时翻动,药材呈干瘪状,四肢完整,背面黑褐色并有瘰疣,腹面土褐色并有黑斑,气味腥,称为"干蟾皮"。或将蟾蜍杀死,直接晒干,称为"干蟾"。

　　刮浆后处死的蟾蜍,除了制备干蟾外,还可取皮、头、舌、肝、胆洗净,分别制取蟾皮、蟾头、蟾舌、蟾肝、蟾胆。

附录一　蟾蜍制品的临床应用

1. 治疗肺癌

(1)蟾蜍、仙鹤草、人参适量研粉制成片剂,每片含生药 0.4克,每次 6 片,每日 3 次,连续用药数月至 1 年。

(2)①干蟾皮、藤梨根、鱼腥草、金银花各 30 克,沙参、天门冬、麦门冬、百部、夏枯草各 15 克;②芙蓉花 15 克,白茅根 60 克,紫草根、蒲公英、昆布、海藻各 30 克,橘核 9 克;③卷柏、生地黄、半枝莲、露蜂房各 30 克,地榆、熟地黄各 15 克,泽兰、全蝎、五味子各 9 克。3 方交替服用,日 1 剂。

(3)干蟾皮、商陆各 15 克,生半夏、生天南星、七叶一枝花、蛇六谷、羊蹄根、铁树叶、白花蛇舌草各 30 克,蜈蚣粉 1.5 克(分吞),壁虎粉、庶虫粉各 1.5 克(分吞)。日 1 剂,水煎服,抗癌、解毒消肿、化痰软坚。

(4)蟾蜍、壁虎、天门冬、麦门冬各 9 克,南沙参、北沙参、百部各 12 克,夏枯草、葶苈子各 15 克,生牡蛎、薏苡仁、山海螺、金银花、白毛藤、白花蛇舌草、鱼腥草各 30 克,捣碎,水煎 3 次分服。能使症状好转,痰咳缓减。

2. 治疗胃癌

(1)干蟾皮、儿茶各 0.5 克,延胡索 0.3 克,云南白药 0.4 克,共研细粉,每次 1 克,每日 1 次,1 周后每次增至 1.2 克,2 周增至

1.4～1.5 克,3 周为 1 个疗程。有恶心、呕吐者可适当减量,严重者停药。

(2)蟾蜍、紫草、山慈姑各 4 克,每日 1 剂;另取白花蛇舌草、半枝莲各 10 克,山慈姑、紫草各 5 克,蟾蜍 0.5 克。制成煎剂,2 方轮流服用。

(3)蟾蜍 1 只,三棱、莪术、黄精、丹参、白花蛇、僵蚕、青黛各 15 克,鳖甲 30 克,捣研成细末,水泛为丸,赭石为衣,每服 6 克,每日 3 次。能使自觉症状缓解,饮食好转,肿块逐渐消失。亦宜于其他消化道癌。

3. 治疗肝癌

(1)蟾皮、水蛭、虻虫、䗪虫、壁虎,研粉制成蜜丸。每次服 9 克,每日 2 次。

(2)蟾蜍、壁虎、蜈蚣各 25 只,急性子、水蛭各 25 克,徐长卿、半枝莲各 50 克,两面针、七叶一枝花、穿心莲、虎杖、白花蛇舌草各 100 克,捣研为末,猪胆汁和荸荠粉制糊,泛制为丸,每服 9 克,每日 3 服,用抗毒合剂分送:两面针、丁葵草、茅莓、铁包金、半枝莲、徐长卿、七叶一枝花各 30 克,白茅花 15 克,切碎,水煎 3 次分服为抗毒合剂,每日 1 剂。

(3)蟾蜍 3 只,大蒜 1 枚,将蟾蜍剥取皮,大蒜捣细后涂在蟾蜍皮上,外敷痛处治疗肝癌疼痛。

4. 治疗乳腺癌

(1)干蟾皮 15 克,苦参、牡丹皮各 10 克,连翘 15 克,天花粉、紫花地丁各 20 克,金钱草、土贝母、蒲公英、夏枯草、红藤、七叶一枝花、野菊花、丹参各 30 克,每日 1 剂。另每次吞服三七粉 1.5 克。

(2)蟾蜍 5 枚,鳖甲 150 克,黄精、丹参、三棱、莪术、白花蛇、僵蚕、青黛各 75 克。共为细末，水泛为丸，赭石为衣，每服 6 克，每日 3 服，温开水送服。

5. 治疗白血病

（1）蟾蜍 150 克，摘除内脏洗净，加黄酒 1500 毫升，隔水煮 2 小时后滤过，每次服 15～30 毫升，饭后服，每日 3 次。

（2）蟾蜍 1 只剖腹，放入鸡蛋 1 个，以线缝合腹部，在水中煮半小时，取出鸡蛋口服。

（3）蟾蜍 1 只，砂仁 9 克。将砂仁从活蟾蜍口中填入腹内，用黄泥包好，放炭火上烤酥，剥去黄泥，研成细末，每服 3 克，日服 3 次。宜于慢性粒细胞型白血病。

（4）取 125 克重蟾蜍 15 只（剖腹去内脏），黄酒 1500 毫升，煮沸 2 小时，将药液过滤即得。成人每次服 15～30 毫升，1 日 3 次。主治急、慢性白血病。

6. 治疗食管癌

（1）干蟾 2 只，炒苏子、焦槟榔、青皮、三棱、莪术、清半夏、生姜各 10 克，当归、生牡蛎各 15 克，乌药 6 克，吴茱萸、甘草各 5 克，每日 1 剂，同时服全蝎酒，每天 50 毫升。

（2）蟾蜍皮粉与山药粉等分混合压片，每片含生药 0.5 克，每次服 1 片，每日 2 次。

（3）干蟾皮、桃仁、橘叶皮各 9 克，石见穿、七叶一枝花各 30 克，丹参 18 克，急性子 12 克，水煎，每日 1 剂。

（4）蟾蜍（焙干，研末）100 克，黑豆 45 克，枯矾、玄参各 30 克，硇砂、硼砂各 250 克。捣碎研细末，水泛为丸，绿豆大，每服 10 丸，每日 3 次，温开水送服。

（5）干蟾蜍 30 克，三七 30 克，三棱 30 克，五灵脂 30 克，微火焙干，研末。口服，每次 1.5～3 克，每日 3 次。醋调和后，温开水冲服。

(6)制马钱子300克,炒蟾蜍300克,穿山甲珠200克,炒五灵脂200克,山药粉适量。研末,山药粉调糊制绿豆大小丸剂,口服,每次3克,每日2次,饭后服。

(7)蟾蜍7个,麻油120克,蜈蚣5条,木鳖子10个,过山龙250克,升丹210克,阿魏15克,芒硝15克,乳香15克,没药15克,羌活、独活、玄参、肉桂、赤芍、穿山甲、生地黄、生南星、大黄、白芷、红花、露蜂房、三棱、莪术、巴豆(去壳)、两头尖、桑枝、槐枝、桃枝、柳枝各15克。用麻油熬炼至枯,除药渣加入升丹熬成膏药,稍冷加阿魏、芒硝、乳香、没药细粉,搅匀收膏。外用贴敷于癌灶外皮肤上及上脘、中脘穴,每日换药1次。

7. 治疗结肠癌、直肠癌

(1)鲜蟾皮一张,水煎取汁100毫升,分3次服。

(2)将蟾皮用文火焙干研粉,装胶囊(每粒含0.25克),每次2~3粒,每日3~4次。

8. 治疗宫颈癌

蟾蜍15克,紫硇砂0.3克,白及、制砒、五倍子各15克,雄黄、三七各3克,明矾60克。共研细末,外撒局部。或用适量包于大棉球中,纳入穹隆部紧贴癌灶,隔3日换药。

9. 治疗颈椎转移肿瘤,各种癌症放疗后辅助治疗

蟾蜍1~4只,茅根30克,大枣10枚,陈皮9克,将其放入沙锅内,加水适量,文火煎汤,分3次服,每周1剂,连续4剂为1个疗程。

10. 治疗霍奇金病

取蟾蜍 1 只,剥皮焙干研细末,分为 10～15 包,每次服 1 包,1 日服 3 次,同时用鲜蟾蜍皮贴敷脾区,也可同时服核桃枝煮鸡蛋。

11. 治疗鼻咽癌早期

干蟾皮、苍耳子、制穿山甲各 9 克,夏枯草、蜀羊泉、海藻各 15 克,昆布、露蜂房各 12 克,蛇六谷、石见穿各 30 克,水煎服,每日 1 剂。

12. 治疗癌性胸水

干蟾皮 2 只,柞树皮 150 克,地骨皮 15 克,水煎服。

13. 治疗癌性腹水

烧干蟾、二丑、桂枝、莪术、生黄芪、龙葵、川椒目、制附片,水煎成浓膏,冷却后加冰片,每次取 3 克,敷脐部,上置生姜灸,每日 1 次。

14. 治疗多种肿瘤

(1)蟾蜍每日 1 只,加少许黄酒隔水煮,服其汁,或加黄酒和水煮后去肉骨,放入面粉烘干研粉服;或煮烂和面去骨食。

(2)将活蟾蜍晒干后烤酥研细末,过筛,和面粉糊做成黄豆粒大的小丸。面粉与蟾蜍粉之比为 1∶3。每 100 丸用雄黄 2.5 克为衣。成人每次 5～7 丸,每日服 3 次。饭后开水送下。

15. 治疗癌性疼痛

(1)活蟾蜍 1 只,雄黄粉 30 克,蟾蜍剖腹去内脏,把雄黄粉放入蟾蜍腹内,加温水调成糊状,敷癌痛处。每次敷 24 小时。

(2)取活蟾皮,将皮上突起组织刺破,以正面贴敷于肝区疼痛部位,24 小时更换 1 次,贴药部位皮肤可出现红斑水泡,停药后数天即自愈。

16. 治疗皮下转移癌

干蟾皮 1 只,桑白皮 10 克,徐长卿 15 克,竹茹 10 克,旋覆花 15 克,水煎 2 次,每日 1 剂。

17. 治疗癌性出血

干蟾皮 2 只,浓煎,每日 1 剂,饭后频服。

18. 乳腺炎

蟾蜍 2～4 只,水蛇 1～2 条,大米适量。将蟾蜍剥去外皮,除去内脏及头爪,洗净后切成小块,水蛇剥去外皮,除内脏,入放开水中煮熟,折肉去骨,再同蟾蜍肉、大米同煮成粥。每日 1～2 次,温热服。清热解毒,消疳杀虫,平惊散癖,行湿除黄。

附录二 中华人民共和国
野生动物保护法

(1988年11月8日第七届全国人民代表大会常务委员会第四次会议通过 1988年11月8日中华人民共和国主席令第9号公布 1989年3月1日起施行)

第一章 总 则

第一条 为保护、拯救珍贵、濒危野生动物,保护、发展和合理利用野生动物资源,维护生态平衡,制定本法。

第二条 在中华人民共和国境内从事野生动物的保护、驯养繁殖、开发利用活动,必须遵守本法。本法规定保护的野生动物,是指珍贵、濒危的陆生、水生野生动物和有益的或者有重要经济、科学研究价值的陆生野生动物。本法各条款所提野生动物,均系指前款规定的受保护的野生动物。珍贵、濒危的水生野生动物以外的其他水生野生动物的保护,适用渔业法的规定。

第三条 野生动物资源属于国家所有。国家保护依法开发利用野生动物资源的单位和个人的合法权益。

第四条 国家对野生动物实行加强资源保护、积极驯养繁殖、合理开发利用的方针,鼓励开展野生动物科学研究。在野生动物资源保护、科学研究和驯养繁殖方面成绩显著的单位和个人,由政府给予奖励。

第五条 中华人民共和国公民有保护野生动物资源的义务,

对侵占或者破坏野生动物资源的行为有权检举和控告。

第六条　各级政府应当加强对野生动物资源的管理,制定保护、发展和合理利用野生动物资源的规划和措施。

第七条　国务院林业、渔业行政主管部门分别主管全国陆生、水生野生动物管理工作。省、自治区、直辖市政府林业行政主管部门主管本行政区域内陆生野生动物管理工作。自治州、县和市政府陆生野生动物管理工作的行政主管部门,由省、自治区、直辖市政府确定。县级以上地方政府渔业行政主管部门主管本行政区域内水生野生动物管理工作。

第二章　野生动物保护

第八条　国家保护野生动物及其生存环境,禁止任何单位和个人非法猎捕或者破坏。

第九条　国家对珍贵、濒危的野生动物实行重点保护。国家重点保护的野生动物分为一级保护野生动物和二级保护野生动物。国家重点保护的野生动物名录及其调整,由国务院野生动物行政主管部门制定,报国务院批准公布。地方重点保护野生动物,是指国家重点保护野生动物以外,由省、自治区、直辖市重点保护的野生动物。地方重点保护的野生动物名录,由省、自治区、直辖市政府制定并公布,报国务院备案。

国家保护的有益的或者有重要经济、科学研究价值的陆生野生动物名录及其调整,由国务院野生动物行政主管部门制定并公布。

第十条　国务院野生动物行政主管部门和省、自治区、直辖市政府,应当在国家和地方重点保护野生动物的主要生息繁衍的地区和水域,划定自然保护区,加强对国家和地方重点保护野生动物及其生存环境的保护管理。自然保护区的划定和管理,按照国务院有关规定办理。

第十一条　各级野生动物行政主管部门应当监视、监测环境对野生动物的影响。由于环境影响对野生动物造成危害时,野生动物行政主管部门应当会同有关部门进行调查处理。

第十二条　建设项目对国家或者地方重点保护野生动物的生存环境产生不利影响的,建设单位应当提交环境影响报告书;环境保护部门在审批时,应当征求同级野生动物行政主管部门的意见。

第十三条　国家和地方重点保护野生动物受到自然灾害威胁时,当地政府应当及时采取拯救措施。

第十四条　因保护国家和地方重点保护野生动物,造成农作物或者其他损失的,由当地政府给予补偿。补偿办法由省、自治区、直辖市政府制定。

第三章　野生动物管理

第十五条　野生动物行政主管部门应当定期组织对野生动物资源的调查,建立野生动物资源档案。

第十六条　禁止猎捕、杀害国家重点保护野生动物。因科学研究、驯养繁殖、展览或者其他特殊情况,需要捕捉、捕捞国家一级保护野生动物的,必须向国务院野生动物行政主管部门申请特许猎捕证;猎捕国家二级保护野生动物的,必须向省、自治区、直辖市政府野生动物行政主管部门申请特许猎捕证。

第十七条　国家鼓励驯养繁殖野生动物。驯养繁殖国家重点保护野生动物的,应当持有许可证。许可证的管理办法由国务院野生动物行政主管部门制定。

第十八条　猎捕非国家重点保护野生动物的,必须取得狩猎证,并且服从猎捕量限额管理。持枪猎捕的,必须取得县、市公安机关核发的持枪证。

第十九条　猎捕者应当按照特许猎捕证、狩猎证规定的种类、数量、地点和期限进行猎捕。

第二十条 在自然保护区、禁猎区和禁猎期内,禁止猎捕和其他妨碍野生动物生息繁衍的活动。禁猎区和禁猎期以及禁止使用的猎捕工具和方法,由县级以上政府或者其野生动物行政主管部门规定。

第二十一条 禁止使用军用武器、毒药、炸药进行猎捕。猎枪及弹具的生产、销售和使用管理办法,由国务院林业行政主管部门会同公安部门制定,报国务院批准施行。

第二十二条 禁止出售、收购国家重点保护野生动物或者其产品。因科学研究、驯养繁殖、展览等特殊情况,需要出售、收购、利用国家一级保护野生动物或者其产品的,必须经国务院野生动物行政主管部门或者其授权的单位批准;需要出售、收购、利用国家二级保护野生动物或者其产品的,必须经省、自治区、直辖市政府野生动物行政主管部门或者其授权的单位批准。驯养繁殖国家重点保护野生动物的单位和个人可以凭驯养繁殖许可证向政府指定的收购单位,按照规定出售国家重点保护野生动物或者其产品。工商行政管理部门对进入市场的野生动物或者其产品,应当进行监督管理。

第二十三条 运输、携带国家重点保护野生动物或者其产品出县境的,必须经省、自治区、直辖市政府野生动物行政主管部门或者其授权的单位批准。

第二十四条 出口国家重点保护野生动物或者其产品的,进出口中国参加的国际公约所限制进出口的野生动物或者其产品的,必须经国务院野生动物行政主管部门或者国务院批准,并取得国家濒危物种进出口管理机构核发的允许进出口证明书。海关凭允许进出口证明书查验放行。涉及科学技术保密的野生动物物种的出口,按照国务院有关规定办理。

第二十五条 禁止伪造、倒卖、转让特许猎捕证、狩猎证、驯养繁殖许可证和允许进出口证明书。

第二十六条 外国人在中国境内对国家重点保护野生动物进行野外考察或者在野外拍摄电影、录像，必须经国务院野生动物行政主管部门或者其授权的单位批准。建立对外国人开放的猎捕场所，必须经国务院野生动物行政主管部门批准。

第二十七条 经营利用野生动物或者其产品的，应当缴纳野生动物资源保护管理费。收费标准和办法由国务院野生动物行政主管部门会同财政、物价部门制定，报国务院批准后施行。

第二十八条 因猎捕野生动物造成农作物或者其他损失的，由猎捕者负责赔偿。

第二十九条 有关地方政府应当采取措施，预防、控制野生动物所造成的危害，保障人畜安全和农业、林业生产。

第三十条 地方重点保护野生动物和其他非国家重点保护野生动物的管理办法，由省、自治区、直辖市人民代表大会常务委员会制定。

第四章 法律责任

第三十一条 非法捕杀国家重点保护野生动物的，依照关于惩治捕杀国家重点保护的珍贵、濒危野生动物犯罪的补充规定追究刑事责任。

第三十二条 违反本法规定，在禁猎区、禁猎期或者使用禁用的工具、方法猎捕野生动物的，由野生动物行政主管部门没收猎获物、猎捕工具和违法所得，处以罚款；情节严重、构成犯罪的，依照刑法第一百三十条的规定追究刑事责任。

第三十三条 违反本法规定，未取得狩猎证或者未按狩猎证规定猎捕野生动物的，由野生动物行政主管部门没收猎获物和违法所得，处以罚款，并可以没收猎捕工具，吊销狩猎证。违反本法规定，未取得持枪证持枪猎捕野生动物的，由公安机关比照治安管理处罚条例的规定处罚。

第三十四条　违反本法规定,在自然保护区、禁猎区破坏国家或者地方重点保护野生动物主要生息繁衍场所的,由野生动物行政主管部门责令停止破坏行为,限期恢复原状,处以罚款。

第三十五条　违反本法规定,出售、收购、运输、携带国家或者地方重点保护野生动物或者其产品的,由工商行政管理部门没收实物和违法所得,可以并处罚款。违反本法规定,出售、收购国家重点保护野生动物或者其产品,情节严重、构成投机倒把罪、走私罪的,依照刑法有关规定追究刑事责任。没收的实物,由野生动物行政主管部门或者其授权的单位按照规定处理。

第三十六条　非法进出口野生动物或者其产品的,由海关依照海关法处罚;情节严重、构成犯罪的,依照刑法关于走私罪的规定追究刑事责任。

第三十七条　伪造、倒卖、转让特许猎捕证、狩猎证、驯养繁殖许可证或者允许进出口证明书的,由野生动物行政主管部门或者工商行政管理部门吊销证件,没收违法所得,可以并处罚款。伪造、倒卖特许猎捕证或者允许进出口证明书,情节严重、构成犯罪的,比照刑法第一百六十七条的规定追究刑事责任。

第三十八条　野生动物行政主管部门的工作人员玩忽职守、滥用职权、徇私舞弊的,由其所在单位或者上级主管机关给予行政处分;情节严重、构成犯罪的,依法追究刑事责任。

第三十九条　当事人对行政处罚决定不服的,可以在接到处罚通知之日起 15 日内,向作出处罚决定机关的上一级机关申请复议;对上一级机关的复议决定不服的,可以在接到复议决定通知之日起 15 日内,向法院起诉。当事人也可以在接到处罚通知之日起 15 日内,直接向法院起诉。当事人逾期不申请复议或者不向法院起诉又不履行处罚决定的,由作出处罚决定的机关申请法院强制执行。对海关处罚或者治安管理处罚不服的,依照海关法或者治安管理处罚条例的规定办理。

第五章 附 则

第四十条 中华人民共和国缔结或者参加的与保护野生动物有关的国际条约与本法有不同规定的,适用国际条约的规定,但中华人民共和国声明保留的条款除外。

第四十一条 国务院野生动物行政主管部门根据本法制定实施条例,报国务院批准施行。省、自治区、直辖市人民代表大会常务委员会可以根据本法制定实施办法。

第四十二条 本法自 1989 年 3 月 1 日起施行。

参考文献

1 闫志民,等 . 蟾蜍哈士蟆药用动植物种养加工技术 . 广州:新世纪出版社,2001

2 冯孝义 . 中华大蟾蜍的系统解剖 . 北京:高等教育出版社,1988

3 王琦,杨森华 . 蟾蜍养殖与利用 . 北京:金盾出版社,2002

4 蟾蜍的经济价值与人工养殖 . 行业资料/农林牧渔,2007

5 中国特种养殖网,Teyang. net. cn

6 中国农业科技在线,www. 1081088. com